아들 육아

아들을 성장시키는
부모의 말 한마디

이케에 도시히로 지음 | 김윤경 옮김

니들북

아들을
성장시키고
싶다면

그대로 받아들이고,
칭찬하고,
용기 북돋아주기

이 책에 관심을 가져주셔서 고맙습니다.

느닷없는 질문이지만, 여러분은 매일 아이 키우는 일이 즐거우신가요? '어떻게 해야 좋을까? 도통 모르겠어' 하고 고민하는 날이 더 많을지도 모르겠습니다. 더구나 남자아이들은 '산만한 데다 말도 안 듣지, 언제 무슨 일을 저지를지 알 수가 없으니 정말 이대로 괜찮은 걸까?' 이런 생각을 하는 분도 적지 않을 듯합니다.

하지만 괜찮습니다. 사실 남자아이는 이해할 필요가 없거든요. 이렇게 말하면 의외라고 놀랄지 모르지만, 정말입니다. 중요한 건 어깨의 힘을 빼고 우선 아이를 있는 그대로 '받아들이는' 일입니다. 그러면 신기하게도 아이는 부모를 위해서 무언가를 하려고 애쓸 겁니다. 그게 바로 남자아이거든요.

'남자아이들은 대체 왜 그러지?' 하는 걱정을 '남자아이니까 어쩔 수 없지' 하고 대범하게 받아들이면 마음이 한결 편해질 것입니다. 우선 이 점을 잊지 마세요.

게다가 어릴 때는 남자아이가 여자아이를 좀처럼 이기기 어렵습니다. 이 또한 원래 그런 거라고 이해하세요. 생물학적으로 증명된 사실이니까요.

남자아이는 대체로 초등학교 고학년쯤부터 두각을 드러냅니다. 그러니 무엇보다도 여자아이에게 뒤처진다고 해서 '열등감'을 느끼지 않도록 배려하는 게 좋습니다.

구체적으로는 이런 식으로 말해주세요.

"너는 할 수 있어!"

"분명히 잘해낼 거야."

"넘지 못할 벽은 없는 법이야."

"정말 열심히 했구나."

평소에 부모가 격려하는 말로 암시와 용기를 심어주는 일은 매우 중요합니다.

더욱이 남자아이는 여리고 섬세하기 때문에 있는 그대로 받아들여서 칭찬으로 용기를 북돋아주면 자신감 있는 아이로 자라납니다.

이 책에서는 제가 여러분에게 전하고 싶은 말을 최대한 이해하기 쉽게 하려고 주제별로 나눠 짧게 썼습니다. 궁금한 주제부터 찾아 읽어도 좋고 아무 데나 책을 펼쳐 든 부분부터 읽어도 괜찮습니다. 분명 소제목을 보기만 해도 '맞아! 우리 아이도 이럴 때 있어', '어머, 나도 이런 태도로 대했는데', '그렇구나. 이렇게 생각할 수도 있겠네' 하고 느낄 것입니다.

이 책에서 조언하는 사고법은 당연히 딸을 키우는 데도 도움이 됩니다. 이 책이 자녀를 믿음직스럽게 성장시키고 가족 모두의 행복한 미소로 이어지면 좋겠습니다.

나는
어떤 부모인지
체크하며
점수를
매겨보세요
☑

목
차

아이의 꿈을 키우는 부모의 생각법

자신감 있는 아이로 키우는 대화법

3

자립심 있는 아이로 키우는 리드법

실패를 통해 성장하는 아이로 키우는 훈육법

5 사회성 있는 아이로 키우는 지도법

6

주체적인 아이로 키우는 놀이법

생각이 자라는 아이로 키우는 학습법

⑧ 인성이 바른 아이로 키우는 사랑법

'아이를 성장시키는 부모'에 해당하면 문항당 1.5점

'아이를 망치는 부모'에 해당하면 문항당 0점

당신의 점수는? 99점 만점 중 ☐☐☐☐☐ 점

I.

아이의
꿈을
키우는

부모의
생각법

△
아이를
성장시키는
부모는

'남은 남,
나는 나'
라고 가르치고

▽
아이를
망치는
부모는

다른 아이와
비교하며
일희일비한다

제가 어릴 때 "친구 ○○네 집에
는 이러이러한 것도 있대!" 또는 "이런 걸 갖고 있다니 좋겠다!" 하고
아무리 부러워해도 저희 부모님은 "그래? 그럼 우리 아들도 하나 사
줄까?" 한 적이 한 번도 없었습니다. 물론 꼭 필요한 물건은 사주었
지만 기본적으로 '남은 남, 나는 나'이기 때문에 남에게 맞출 필요는
없다고 배우며 자랐습니다. 그래서인지 자연스럽게 저도 '나는 나'
일 뿐, 다른 사람과 달라도 된다고 생각하게 되었죠.

남자아이가 강인하게 살아가기를 바란다면 다른 아이의 행동
을 부러워하는 아이로 키우기보다, 자신이 잘하는 일을 열심히 하
고 그 노력을 자랑스럽게 여길 줄 아는 아이로 키우는 것이 중요합
니다.

현대 사회는 SNS소셜네트워크서비스의 발달로 다른 사람이 행복하고
즐거워하는 모습을 들여다볼 기회가 늘어난 반면, 'SNS 피로증후
군'이라는 말이 주목받고 있습니다. 남들이 올린 멋진 사진과 글을
보면서 '왜 나만 이 모양일까?' 하며 우울한 감정을 갖지 말고, 순수
하게 "잘됐네!" 하고 상대의 행복을 축하할 줄 아는 마음을 길러주
세요. 이는 마음 그릇이 큰 사람으로 성장시키는 길이기도 합니다.

요즘 많은 부모들이 "우리 아이가 '왕따'를 당하면 어쩌지?" 하
는 걱정을 합니다. 그렇다 보니 "다른 애들은 모두 갖고 있단 말야."

"○○이가 부러워" 하는 아이의 말을 듣고 걱정되는 마음에 "그럼, 너도 사줄게" 하고 아이의 요구를 쉽게 들어주게 됩니다.

그런 마음이 들더라도 한번쯤 호흡을 가다듬고 "정말 모두 가지고 있을까?" 하고 아이에게 차분히 질문해보세요. "다른 사람은 다른 사람이고 나는 나야. 사람은 각자 다 다른 법이야" 하는 식으로 대화를 나눠보세요. 아이가 원하는 무언가를 사주기 전에 그 물건이 정말 우리 아이에게 꼭 필요한지를 생각해봐야 합니다. 판단의 기준은 어디까지나 타인이 아닌 우리 집의 방침과 '내 아이에게 꼭 필요한가?'여야 합니다.

아이의 말에 침착하게 대응한다.

아이의 말에 과잉 반응하고 흔들린다.

△
아이를
성장시키는
부모는

부모로서
부족한 자신을
받아들이고

▽
아이를
망치는
부모는

부모로서
부족한 자신을
질책한다

저는 지금까지 이런저런 고민을 가진 부모님들을 많이 만났습니다. 내가 부모로서 능력이 부족한 게 아닐까, 그래서 아이에게 좋지 못한 환경을 만들어준 건 아닐까 걱정이 된다며 많은 부모님들이 상담을 요청합니다. 이런 고민을 하는 분들은 흔히 자신이 부모로서 부족하다며 자책하는 경향이 있습니다. 하지만 이런 태도는 책임감이 강하고 자녀의 일을 진지하게 생각한다는 반증이기도 합니다. 제가 상담을 하면서 절실히 느낀 것 중 하나는 이렇게 '고민하는' 부모일수록 육아에 매우 성실하고 열심이며 아이를 무척 사랑하고 자상한 마음을 지녔다는 사실입니다. 그러므로 자녀의 일로 고민한다고 해서 부모로서 부족하다거나 자격이 없다고 자책할 필요는 전혀 없습니다. 오히려 남자아이에게 다정다감한 마음을 길러줄 수 있는 중요한 요소일 수 있습니다. 저는 성공은 타인에 대한 배려심에 있다고 믿습니다. 다시 말해 고민하고 있는 부모는 성공에 가장 가까이 가 있는 사람이라고 할 수 있지요.

계속 고민이 되는 건 어쩔 수 없는 일입니다. 그러니 먼저 '고민하는 자신'을 받아들입시다. 부모가 스스로를 어떤 사람이라고 생각하는지가 중요합니다. 자기 인식으로서 '셀프 이미지'를 높여가고 자신의 장단점을 인정하고 자신을 사랑해야 합니다. 그러고 나서 부모가 달라지는 모습을 자녀에게 보여주는 겁니다. 그런 부모의 모습을 본 남자아이는 자연히 '노력하는 엄마, 아빠를 도와주고 싶다, 지켜주고 싶다'는 마음을 갖게 되거든요. 한마디로 부모의 변화는 아이의 성장 기회가 되는 것입니다.

만약 지금 당신이 육아를 만족스럽게 해내지 못해 고민하고 있다면, 그건 부모로서 성장하고 있다는 신호입니다.

긍정적으로 받아들이고 셀프 이미지를 높인다.

막연히 불안을 느낀다.

3

△
아이를
성장시키는
부모는

아이의
건전한
자존심을
키우고

▽
아이를
망치는
부모는

부정적인
평가로
열등감을
키운다

사람은 자신에게 결점이나 단점이 있으면 열등감을 느끼게 되는데, 그런 열등감을 감추려는 사람이 적잖이 있습니다. 하지만 결점이나 단점은 누가 정하는 걸까요? 다른 사람이 어떻게 생각하는지가 아니라 스스로 자신의 결점을 어떻게 인식하느냐가 중요합니다.

세상에는 자신의 결점을 솔직히 드러내 오히려 강점으로 활용하는 사람이 많습니다. 자신의 부족한 부분을 보완해줄 사람을 주변에 두고 활약하는 사람들도 있습니다.

예전에 패럴림픽에 출전한 스키선수가 이런 말을 했습니다.

"저는 일상생활에서는 장애인일지도 모릅니다. 하지만 눈 위에서는 누구보다도 건강합니다."

사회에서 활약하고 있는 남성들을 보면 대체로 '건전한 자존심'이 높습니다. 하지만 그들이라고 해서 열등감이 없는 건 아닙니다. 있는 그대로의 자신을 받아들이는 자세도 사회에서 활약할 수 있는 강인함입니다. 자존심이 높으면 자신의 존재 가치를 높게 평가하고 자신의 사고와 감정을 소중히 여겨 자신감을 갖게 됩니다.

사람은 저마다 외모는 물론 능력, 감성, 특성이 다 다릅니다. 다른 게 당연하고 달라도 됩니다. 그러므로 우선은 아이의 자존심을 건전하게 길러주세요. 다른 아이와 비교해 뒤처지는 점을 나무라거나 부정적으로 평가할 게 아니라, 그 아이만의 장점을 찾아내 인정해주는 것이 무엇보다 중요합니다. 아이를 긍정적으로 평가하고 호의적인 태도로 대해주세요.

우리 아이만의 독창성을 인정하고 길러준다.

다른 아이와 비교하고 부정적으로 평가한다.

△

아이를
성장시키는
부모는

아이의 행동을
너그럽게
받아들이고

▽

아이를
망치는
부모는

아이의 행동을
비판적으로
받아들인다

"왜 이렇게 힘들게 하니!"

"집이 아주 난장판이 됐네!"

"대체 같은 말을 몇 번이나 해야 알아들어!"

육아로 짜증이 나고 심한 스트레스를 받는 부모가 많습니다. 하지만 가만히 자신의 어린 시절을 되돌아보면 우리도 부모에게 똑같은 마음이 들게 하지 않았나요?

우리 어른이 아이가 하는 행동에 스트레스를 느끼거나 비판적으로 인식하는 이유는 대개 자신이 성장하는 과정에서 싫었던 자신의 모습을 아이에게서 발견하거나 혹은 자신이 비판적으로 평가받는 듯 느껴지기 때문입니다. 또한 육아에 대한 이상이 높고 아이를 잘 다루겠다는 잠재적인 의식은 강한 데 비해 현실이 좀처럼 마음대로 되지 않으니 스트레스 반응이 일어날 수밖에 없죠.

곰곰이 생각해보면 아이의 행동이 스트레스를 주는 게 아니라, 그 행동을 본 부모 자신의 내면에 있는 무언가가 반응함으로써 스트레스가 생겼을 가능성이 크다는 뜻입니다.

만약 육아하는 과정에서 자주 짜증이 난다면 자신의 어린 시절을 떠올려보세요. '나도 어릴 땐 그랬는걸. 애들은 원래 다 그런 건가 봐' 하고 생각을 전환해보세요.

성장하면서 논리적인 사고력에 재능을 보이는 남자아이들도 어릴 때는 모두 똑같습니다. 그러므로 몇 번이고 같은 말을 반복해 들려주는 것이 당연한 일이라고 생각해야 합니다.

아이가 하는 행동을 너그럽고 대범한 마음으로 지켜보고 구김살 없이 무럭무럭 키우기 위해서는 부모 자신의 사고방식에 맞춰 아이를 고치려 들지 말아야 합니다. 아이가 어떤 행동을 했을 때 원래 아이는 다 그런 법이라고 마음 편히 받아들이고 아이가 잘 자라도록 지지하는 마음을 갖는 것이 중요합니다.

남자아이는 원래 다 그렇다고 받아들이고
육아 스트레스를 받지 않는다.

아이의 행동을 육아 스트레스로 느껴
감정적으로 아이를 야단친다.

△
아이를
성장시키는
부모는

이해하기
쉬운 말로
이야기하고

▽
아이를
망치는
부모는

아이가
못 알아듣는다고
단정한다

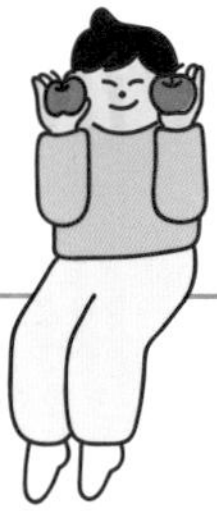

우리는 아이들도 당연히 어른과 똑같이 말이 통한다고 생각하기 쉽습니다. 하지만 정말 그럴까요? 사람은 다양한 것을 보고 듣고 만지며 오감을 통해 정보를 받아들입니다. 실제로 사람은 성장하는 과정에서 오감 가운데 어떤 감각이 가장 발달해 있는지가 자신이 '사용하는 언어와 표현'에 다르게 나타납니다.

제가 트레이닝하고 있는 '신경언어프로그래밍Neuro Linguistic Program-ing'이라는 심리학에서는 이것을 '우위'라고 표현합니다. 우위성은 사물을 이해하고 생각하는 데 큰 영향을 미칩니다. 시각이 우위에 있는 사람은 그림이나 도표를 사용해야 더 쉽게 이해하고, 신체감각이 우위인 사람은 몸을 사용하는 일을 다른 일보다 더 잘하는 것도 바로 이 때문이지요.

이런 현상은 대화할 때 사용하는 언어에도 나타납니다. 앞으로 할 일을 가리켜 '그건 전망이 밝다', '그것은 명료하다', '그것은 가볍다'라는 단어를 사용했다면 이는 각각 시각, 청각, 촉운동 감각이 우위에 있는 사람이 표현하는 방식입니다. 그래서 우위에 있는 감각이 서로 다른 사람과 대화할 때보다, 감각이 같은 사람끼리 대화할 때 말이 잘 통하는 것이지요.

따라서 부모와 자식 간에도 감각의 우위성이 서로 다르면 대화가 잘 되지 않습니다. 우리 아이는 어떤 감각이 우위에 있는지를 알아야 아이를 이해하고 도움을 줄 수 있습니다. 말로 해서 잘 알아듣지 못한다면 일러스트나 몸짓을 이용해 설명해보세요. 앞에서도 이야기했지만 남자아이는 초등학교 저학년 무렵까지는 논리적인 사고가 충분히 발달돼 있지 않아 여러 번 주의를 줘도 똑같은 잘못을 반복하는 특징을 보입니다.

이때 주의해야 할 점은 아이가 이해할 수 있게 된 후에 가르치려고 하지 말고, 이해할 수 있게 되었을 때는 이미 기억하고 있도록 가르쳐줘야 한다는 사실입니다. 그래야 나중에 자신이 해야 할 일을, 해야 할 때 할 수 있는 자기통제 능력을 갖게 될 것입니다.

아이가 이해하기 쉬운 표현으로 말한다.

몇 번이나 말해도 알아듣지 못한다고 화를 낸다.

6

△
아이를
성장시키는
부모는

다른 아이와의
차이를
장점으로 보고

▽
아이를
망치는
부모는

다른 아이들과
똑같기를
원한다

많은 부모가 자녀를 '착한 아이'로 기르고 싶어 합니다. 과연 착한 아이란 어떤 아이일까요? 어쩌면 부모 말을 잘 듣는 아이로 키우려고 하는 가정도 많지 않을까요?

우리는 무의식중에 아이를 부모 말을 잘 듣도록 키우려 합니다. 하지만 그렇게 키우면 언제나 주위 사람 눈치만 살피면서 꿈도 야심도 없는 사람으로 자랄 수 있습니다. 사람이 목표로 하는 일을 해내기 위해서는 스스로 자신을 어떻게 느끼는가 하는 '셀프 이미지'가 매우 중요합니다. 이를테면, 발이 빠르다거나 그림을 잘 그린다, 힘이 세다, 레고를 잘한다, 축구를 잘한다 또는 영웅물이나 애니메이션을 잘 안다 같은 자기 긍정감을 가진 아이는 경쟁 관계 속에서도 자신감을 잃지 않습니다.

그런데 부모가 무심결에 아이가 좋아하는 일을 '하찮은 일'이라고 폄하하는 말을 한다면 아이가 성장할 수 있는 에너지를 빼앗게 되는 것입니다. 가뜩이나 남자 초등학생은 자신이 잘하는 분야에서조차 성장이 빠른 여자아이들에게 뒤처지는 경우가 많습니다. 그래서 더욱더 자신감을 잃지 않도록 배려할 필요가 있는 것이지요.

앞으로 점점 더 개성이나 하나의 뚜렷한 특기가 요구되고 인정받는 시대가 될 것입니다. 그러한 시대 상황 속에서 자신의 개성과 능력을 발휘하고 경쟁에서 이기기 위해 자신의 껍질을 깨고 나갈 수 있는 아이로 키워야 **하지 않을까요. 그러려면** 본인이 잘하는 일에 몰두하면서 마음의 성장에 중점을 두고 자신감을 갖도록 이끄는 것이 중요**합니다.**

개성을 살려 능력을 키운다.

아이의 장점마저 억누른다.

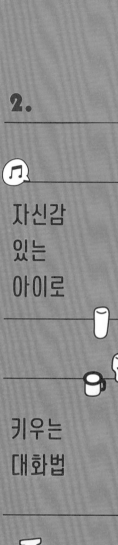

2.

자신감 있는 아이로

키우는 대화법

7

▲
아이를
성장시키는
부모는

여자아이에게
지더라도
독려하고

▼
아이를
망치는
부모는

여자아이에게 지면
열등감을
갖게 한다

일반적으로 여자아이가 남자아이보다 성장이 빠릅니다. 운동 능력이나 학습 능력은 물론이고 사회성과 커뮤니케이션 능력 등을 통틀어도 여자아이 쪽이 우위에 있지요. 그래서 남자아이는 '여자애들한테는 도저히 못 당하겠어'라고 느낀 경험이 많을 것입니다. 또한 초등학교 저학년 때는 태어난 달에 따라서도 능력 차이가 크고, 특히 유아기에는 그 차이가 상당히 두드러집니다. 그러므로 지도하는 입장에서도 역시 부모가 어떤 가치관과 교육 방법으로 아이를 뒷받침해주느냐가 무척 중요합니다. 남자아이는 초등학교 고학년쯤부터 점차 여러 면에서 성장해 갑니다. 성장이 늦는 것과 성장하지 않는 것은 전혀 다릅니다. 따라서 중요한 것은 여자아이를 이길 수 없는 초등학교 저학년 때 자신감을 잃지 않도록 해주는 일입니다.

자신감을 잃고 '나는 안 돼!' 하는 셀프 이미지나 고정관념을 갖지 않도록 신경 써 줘야 합니다. 열등감의 반대는 자신감을 갖는 일입니다. '지고 싶지 않아' 하는 마음도 매우 중요하지요. 지지 않겠다는 의식을 가지려면 '져본 경험'도 필요합니다. 게다가 목표로 한 일이 생각처럼 잘 되지 않아 아이가 실망하거나 기죽어 있을 때 부모가 어떻게 말해주느냐도 무척 중요합니다. 우선은 "애썼구나" 하고 말해주세요. 이렇게 부모가 자신의 노력을 알아주면 아이는 이

겼든 졌든 '다행이야', '다음엔 더 노력해야지' 하는 마음이 들기 마련입니다. 남자아이에게는 '너는 이제부터 점점 더 잘하게 될 거야!' 하는 메시지를 꾸준히 전해줘야 합니다.

저는 어머니에게 항상 "너는 대기만성형이야" 하는 말을 듣고 자랐습니다. 그 말을 들으며 알게 모르게 '나는 점점 더 발전하고 있어!' 하는 셀프 이미지를 기르게 됐죠. 또한 아이가 더욱 성장하게 하려면 소소한 성공 체험을 많이 하게 해주는 것이 좋습니다. 작은 성공 경험이 쌓여 차츰 자신감이 붙고 노력하는 힘이 길러져 더욱 큰 일을 해낼 수 있게 됩니다.

"대기만성형이야" 하고 격려하며 용기를 북돋는다.

"남자가 말이야!" 하며 꾸짖는다.

▲
아이를
성장시키는
부모는

언제나
부모의
존재를
느끼게 하고

▼
아이를
망치는
부모는

아이에게
배우자의
험담이나
불평을 한다

두말할 필요도 없이 아이에게 부모는 없어서는 안 될 존재입니다. 하지만 현실적으로는 일이 바쁜 나머지 아이들과 마주하는 시간이 거의 없을 수도 있고, 안타깝지만 부부가 헤어지는 경우도 많습니다.

제 아버지는 평소 일 때문에 집을 비우는 경우가 많았습니다. 그때마다 어머니는 아버지가 얼마나 중요하고 힘든 일을 하고 있는지, 그리고 여러 분야에서 어떻게 활약했는지 그 일화를 자주 들려주었습니다. 또한 자식들 앞에서 배우자와 그 가족의 결점이나 좋지 않은 이야기는 결코 하는 법이 없었습니다. 대신 장점과 좋은 이야기를 자주 해주셨죠. 아이였던 제 마음에도 '우와! 그러셨구나. 대단하시다!' 하는 감탄이 일곤 했습니다.

일상에서 이런 대화가 오가면 아이의 마음속에는 부모에 대한 존경심과 함께, 평소 자주 만나지 못하는 조부모나 친척에 대한 친근감과 존경심도 자연히 생겨나기 마련입니다. 아이와 함께 있는 시간을 좀처럼 내지 못하는 상황을 바꾸기가 힘들다면 그로 인한 마음의 거리를 좁히기 위해 이 책에 소개된 다양한 방법들을 활용해 커뮤니케이션 밀도를 높여보세요. 부모가 평소 배우자의 험담이나 불평을 쏟아내면 그 말은 아이에게 마치 자신을 부정당하는 것처럼 느껴질 수 있습니다. 상대의 비판이나 험담이 반면교사가 된다면 좋겠지만, 좀처럼 그렇게 되질 않는 게 현실이니까요. 어른의 세계에는 이런저런 사정이 있겠지만 적어도 아이에게만은 배우자의 좋은 점만 이야기하세요.

물론 아이 앞에서 함께 있는 배우자를 무시한다거나 "아빠가 무능해서 너도 그 모양이구나", "역시 피는 못 속인다니까" 하고 말하는 건 좋지 않습니다.

배우자와 그 가족을 존중하고 장점을 말한다.

아이 앞에서 배우자의 결점과 단점에 대한
불평불만을 쏟아낸다.

▲
아이를
성장시키는
부모는

말과
행동이
일치하고

▼
아이를
망치는
부모는

'예스'라고
말하면서
'노' 사인을 보낸다

혹시 아이에게 즐겁게 놀라고 말하면서 미간을 찌푸린다든지 남에게 폭력을 쓰면 안 된다고 말하면서 아이에게 손을 올린 일은 없으셨나요?

아이에게 말로는 사랑한다고 하면서 막상 아이가 안기려 하면 팔로 막고 몸과 얼굴을 돌리며 거부 반응을 나타낸다거나, 해도 좋다고 허락해놓고는 아이가 그 일을 시작하자 마음이 바뀌어 역시 안 되겠다고 말을 바꾸고, 혹은 포상을 약속하고는 다른 핑계를 대며 약속을 깨는 부모가 있습니다. 즉, 말은 "예스Yes"라고 하면서 "노No" 사인을 보낸다거나 반대로 "노"라고 말하면서 "예스" 사인을 보내는 등, 말과 행동이 일치하지 않는 것이죠.

이렇게 부모의 감정과 언동이 일치하지 않으면 아이는 무엇을 기준으로 판단해야 좋을지 혼란스러워집니다. 그래서 아이에게는 '직접 영향을 받는 부모의 지시'가 행동 기준이 되어버립니다. 그러다 보면 늘 부모의 눈치만 살피게 되죠.

이런 상황이 지속된다면 자신이 어떤 일을 할 때도 남의 시선을 지나치게 의식하고 신경 쓰는 자신감 없는 사람으로 자라기 쉽습니다. 스스로 판단할 수 있는 사람으로 키우고 싶다면 '어떻게 하는 것이 좋을까' 하는 행동 기준을 부모가 분명한 태도로 보여주고 항상 일관되게 행동해야 합니다. 만약 변경해야 할 일이 생겼다면 왜 그렇게 되었는지 이유를 설명해주세요.

표정으로 상대의 감정을 어떻게 느끼는지 알아보는 실험이 있었습니다. 아이와 어른 앞에서 어른인 배우가 웃는 표정을 짓고 있다가 서서히 화난 표정으로 바꾸면, 화가 났다고 느껴지는 시점에서 손을 올리는 실험이었습니다.

아이들 전원이 손을 올린 시점에서 손을 올리고 있는 어른의 비율은 10퍼센트도 되지 않았습니다. 이 결과, 어른은 화나지 않았다고 생각해도 아이는 화났다고 느낄 가능성이 높다는 사실을 알 수 있습니다. 그만큼 아이는 부모의 감정을 민감하게 읽어내므로 평소 표정에도 신경을 써야겠습니다.

아이에게 명백하고 일관된 기준을 알려준다.

말로는 "예스"라고 하면서
태도는 "노"라고 표현한다.

▲
아이를
성장시키는
부모는

아이에게
책 읽는
모습을
보여주고

▼
아이를
망치는
부모는

아이에게
책을
읽으라고만
한다

남자아이가 책을 좋아하는 아이로 자랐다면 육아는 일단 성공했다고 해도 좋을 것입니다. 아이가 '문득 깨닫고 보니 주변에 책이 많았다'라고 생각할 수 있는 환경을 만들어주는 것이 중요합니다. 또한 책을 읽어줄 때 아이가 듣지 않아도 괜찮습니다. 아이가 이해하지 못하는 연령대부터 시작해 초등학교 3~4학년까지는 계속하면 좋습니다.

책을 읽기 좋은 환경을 마련해줄 때 또 하나 중요한 것은 부모가 책 읽는 모습을 아이에게 보여주는 일입니다. 최근에는 전자책도 많이 보급되어 있지만 그래도 부모가 의자에 앉아 책 읽는 모습을 직접 눈으로 보면 아이는 자연스럽게 책과 친해지니까요.

"책 읽어" 하고 말만 하기보다는 부모가 먼저 책 읽는 모습을 보여주세요. 아이의 손이 닿는 곳에 책장이나 책꽂이를 배치해 언제든지 책을 꺼내 보기 쉽게 하는 것이 중요합니다.

물론 아이가 책을 읽어달라고 조를 때는 읽어주세요. 아이가 혼자 읽을 줄 알게 되었더라도 한동안은 계속해봅시다.

책은 아이가 흥미를 느끼는 거라면 뭐든지 좋습니다. 부모 입장에서는 아이가 읽었으면 하는 책이 있겠지만 원래 목적은 책을 좋아하는 아이로 키우는 데 있으니까요. 또한 같은 책을 여러 번 읽어달라고 조를 수도 있는데, 계속 읽다 보면 관심 있는 책이 바뀌기 마련이므로 아이가 원하는 대로 몇 번이고 읽어주세요.

같은 책을 여러 번 읽어주다 보면 부모가 싫증날 수도 있지만 그럴 때는 부모의 음색이나 읽는 방법에 변화를 주면 한층 더 즐거워집니다.

남자아이들은 자동차나 비행기, 곤충, 식물 등 특정 분야에 흥미를 보이는 경향이 있습니다. 만약 아이가 벌레에 관심이 있어 그 책만 읽더라도 "너는 벌레를 좋아하는구나" 하지 말고 "너는 책을 좋아하는구나" 하고 말해줘야 한다는 걸 잊지 마세요.

아이가 흥미를 느끼는 책부터 읽게 해
책을 좋아하는 아이로 키운다.

책 좀 읽으라고 자주 채근해
아이가 책을 싫어하게 만든다.

▲
아이를
성장시키는
부모는

식사 시간을
중요하게
여기고

▼
아이를
망치는
부모는

그저 식욕을
채우는 데
급급하다

어릴 때 부모에게 여러 가지 식사 예절을 배웠습니다. "모두 모인 후에 먹기 시작하는 거란다", "식사 속도를 다른 사람과 맞춰야 해", "식사가 먼저 끝나더라도 자리에서 일어나면 안 돼" 그리고 식사할 때는 TV를 끄라고 배웠죠. 그래서 친구나 학교에 관한 이야기, 또는 화제가 되고 있는 뉴스, 지금 먹고 있는 음식 등 다양한 주제로 대화를 즐기며 식사를 했습니다. "바빠 죽겠는데 밥 먹으면서 그럴 시간이 어디 있어!" 하는 사람도 있겠지만, 식사는 먹이를 주는 작업이 아닙니다. 부모의 가치관을 배우고 마음의 영양을 주고받는 자리이기도 하죠.

어릴 때 친구네 집에 놀러 갔다가 친구의 가족과 식사를 하게 됐는데 식사를 하면서도 TV를 그대로 켜놓는 걸 보고 깜짝 놀란 적이 있습니다. 처음에는 좀 부럽기도 했지만, 가족끼리 서로 얼굴도 제대로 쳐다보지 않고 모두 시선이 TV 화면에 꽂혀 있어 대화도 거의 없으니 점점 어색한 기분이 들었습니다. 어쩌다 그날만 그랬을 수도 있지만 어린 마음에는 '가족끼리 말을 안 하는 집도 있구나' 하고 매우 낯설게 느껴졌습니다.

요즘은 가정에서도 가족이 함께 식사하지 않는 경우가 늘고 있죠. 부모가 일하러 나가면서 미리 만들어 둔 음식을 데워 먹거나 편의점에서 산 음식을 혼자 먹는 아이도 있습니다. 식사 시간은 가족에게 단란하고 소중한 자리가 되어야 합니다. 가끔이라도 함께 밥을 먹으며 대화할 시간을 늘리거나 부모가 제대로 음식을 만들어서 서로의 애정이 전해지는 환경을 만드는 일은 매우 중요합니다. 이렇게 하기 어려운 상황이라면 그만큼 다른 기회를 만들어서라도 시간을 공유하여 확실히 애정을 전할 수 있도록 합시다.

식사 시간은 아이에게
마음의 영양을 주는 시간이라고 생각한다.

식사 중에는 주로 TV를 시청하며
가족 간 대화를 하지 않는다.

12

▲
아이를
성장시키는
부모는

가정에서
감사 표현을
많이 하고

▼
아이를
망치는
부모는

아이가
돕는 것을
당연하게 여긴다

아이가 부모의 일을 도와주거나 마음을 써주었을 때, 자신의 방법이나 생각과 맞지 않다고 부족한 점을 지적하거나 다른 요구를 하지는 않나요? 남자아이들은 엄마와 아빠에게 도움을 주고 싶어 합니다. 그런데 행여 부모에게 도움이 되고자 한 행동을 부모가 못마땅해하거나 조건을 붙이면 아이는 의욕과 자신감을 크게 잃고 말죠. 아이가 그런 행동을 했을 때는 당연하게 여기지 말고 먼저 "고마워" 하고 감사의 마음을 전하는 것이 좋습니다. 그러고 나서 부모의 생각을 말해주는 거죠. 그런 순서로 대하면 남자아이는 부모의 말을 순순히 받아들입니다.

아이가 태어나 자라는 건 당연한 일이 아닙니다. 아이가 울고 웃고 화를 내기도 하면서 여러 표정을 보여주는 것만으로도 기적적인 일이죠. 그리고 아이는 비로소 부모가 된 여러분에게 다양한 감정을 가져다주고, 경험하게 하고, 성장하게 해주는 존재입니다. 아이가 무언가를 해주었을 때만 고맙다고 말하지 말고 아이의 존재에 감사하는 마음을 잊지 않으면 좋겠습니다.

"곁에 우리 아이가 있다는 것만으로도 행복해" 하는 마음을 갖게 되면 아이의 성장 자체에 저절로 감사하는 마음이 싹틉니다. 그러면 우리 아이가 잘하지 못하는 것이나 서툰 일에 대해 느끼던 스트레스도 훨씬 줄어들 것입니다.

가정에 감사하는 마음이 넘쳐 나면 자연히 "고마워" 하는 말도 늘어날 테죠. 감사 표현이 수시로 오가는 가정에서 자란 남자아이는 자신감을 갖게 될 뿐만 아니라 사회와 다른 사람들에게 도움이 되고자 하는 의지나 봉사의 마음도 기르게 **됩니다.**

가정에서 "고마워"라는 말을 자주 한다.

아이가 도와줘도 "고마워" 하지 않고
다른 걸 더 요구한다.

▲
아이를
성장시키는
부모는

"밑져야 본전" 하며
도전을
독려하고

▼
아이를
망치는
부모는

"아직 안 돼!" 하며
도전을
가로막는다

제가 어린 시절에 어떤 일을 할까 말까 망설일 때면 어머니는 늘 "밑져야 본전이고 못하는 게 당연한 거야. 되면 좋은 거니까 한번 해봐" 하고 독려해주었습니다.

'물어볼까? 하지만 안 된다고 하면 어쩌지?', '실패하면 큰일인데.'

남자아이들 중에도 자존심이 센 아이들이 많습니다. 그런 아이들은 무언가 새로운 일에 도전할 때 남에게 물어보기를 매우 부끄럽게 여기고 압박을 느끼기도 하죠. '만약 실패하면 어떡하지?' '잘못되면 안 되는데' 하는 걱정과 불안이 한 발 앞으로 내딛기를 주저하게 만듭니다.

주저한다는 것은 미래를 상상하고 걱정하는 능력이 길러져 있다는 증거입니다. 그러니 아이에게 소심하다고 지적하기보다는 "너는 앞날의 일을 신중하게 생각하고 있구나" 하고 안심시켜 주세요.

아이가 무언가 새로운 일을 하고 싶어 할 때는 "아직 너한테는 무리야" 하면서 아이의 도전 의욕을 꺾지 말고, "안 되면 그만이고 밑져야 본전이니 한번 도전해봐" 하고 용기를 북돋아주셔야 합니다. '밑져야 본전'이란 말은 불안에 대한 아이의 심리적 부담을 줄여줍니다. 아이가 '잘되면 이익'이라는 마음으로 여러 가지 일을 할 수 있도록 해주세요. 평소 여러 일에 도전하게 해서 잘되면 기쁨도 배가 되도록 응원해주는 것이 좋습니다. 밑져야 본전이라고 해도 반복해서 극복하는 과정 중에 차츰 아이의 도전 의욕이 커집니다. 약간의 불안 심리가 있더라도 스스로 극복하고 일단 해보자는 마음으로 적극적인 행동을 취하게 되는 것이죠. 그렇게 자신 있게 행동할 수 있는 마음을 길러주세요. 물론 이때는 결과가 어떻든 도전한 일을 먼저 칭찬해주어야 합니다.

"실패해도 괜찮으니 한번 해보자" 하고
심리적 부담을 낮춰준다.

"아직 무리야" 하고 도전 의욕을 꺾는다.

▲
아이를
성장시키는
부모는

"넌 꼭 해낼 거야,
힘내!"
격려하고

▼
아이를
망치는
부모는

"어차피
안 될 거야"라고
말한다

아이의 꿈과 희망을 무참하게 짓밟는 말 중 하나가 "어차피 안 돼!"입니다. 어떤 일을 할 때, 시작도 하기 전에 아이 자신의 입에서 나오기도 하고요. 이건 지금부터 하려는 일이 실패할 경우 자신의 실망감을 줄이려고 무의식적으로 나온 말이기도 합니다.

여러 가지 일에 관심을 갖고 배우려는 의욕으로 가득 차 있는 아이의 특성을 생각하면 이는 저절로 입 밖으로 튀어나온 말은 아닐 겁니다. 하고 싶은 일이나 한 일에 대해서 부모나 주변으로부터 자주 부정적인 반응을 얻게 되면 아이는 점점 마음의 에너지를 빼앗겨 의욕과 호기심을 잃고 맙니다. 그리고 결국 "나는 어차피 안 돼"가 입버릇이 되고 말죠. 아이는 성장 과정에서 장래에 이러이러한 일을 해보고 싶다거나 무언가 구체적인 직업을 갖고 싶다고 말할지도 모릅니다. 그럴 때 당신은 어떤 태도를 취하겠습니까?

제가 어릴 때 "난 이 다음에 커서 파일럿이 될 거야" 하면 "그건 불가능해"라고 부정적인 반응을 보인 사람은 아무도 없었습니다. "너라면 파일럿이 적성에 잘 맞을지도 모르니 열심히 해보렴. 응원할게" 하는 말을 들었죠.

사람은 자신이 경험한 적 없는 일에 대해 부정적으로 생각하는 경향이 있는데 여러분은 어떤가요? 아이가 무언가를 하고 싶다고 말할 때 혹시 "그건 어려워"라든가 "네가 그걸 어떻게 해?" 하고 대답하지는 않나요?

평소 아이에게 그런 식으로 말한다면 아이는 절대 꿈과 희망을 가질 수 없습니다. 무엇보다 마음속의 에너지가 적은 아이로 자라게 되지요.

본래 인간의 능력에는 큰 차이가 없으며 자신이 원하는 목표를 향한 마음의 에너지가 결과에 영향을 미칠 따름입니다. 그러니 부정적인 말을 건네지 않도록 주의해야 합니다.

"그래? 너는 이러이러한 일이 하고 싶은 거로구나! 넌 꼭 해낼 수 있을 거야. 열심히 해보렴!" 하고 대답해주세요. 아이가 노력하는 모습을 인정하고 칭찬해주는 것이 중요합니다. 꿈과 열의가 사람을 움직이고 마침내는 어떤 형태로든 사회의 발전에도 기여하게 합니다. 해보기도 전에 포기하는 마음이 아닌, 열정을 지닌 아이로 키워야겠지요.

어른이 되어 이루고 싶은 장래 희망에
"반드시 해낼 거야" 하고 희망을 키워준다.

"그건 불가능해"라는 말로 꿈과 희망을 짓밟는다.

15

▲
아이를
성장시키는
부모는

아이가
잘못한 부분을
이해시키고

▼
아이를
망치는
부모는

실수를 추궁하며
사과를
강요한다

"상대의 기분을 상하게 하거나 해서는 안 될 행동을 했다면 '미안해' 하고 말하는 거야." 많은 가정에서 이렇게 아이를 지도할 겁니다. 실제로 아이가 그렇게 하기를 바랄 거고요. 한편으로는 우리 어른들도 아이에게 해서는 안 될 말을 하거나 실수를 하는 경우가 물론 있습니다. 그런데 상대가 아이라면 이유를 대거나 변명하면서 얼버무릴 뿐 "미안해"라고 말하지 않는 어른이 많은 것 같습니다. 그런 어른의 모습을 보면 아이는 '사실은 미안하다고 말하지 않아도 되는 거네' 하고 그대로 배우게 됩니다.

아이에게 "미안해"라고 말한다고 해서 어른의 권위를 잃는 것이 아닙니다. 아이에게도 솔직하고 깔끔하게 사과할 줄 아는 당당한 어른은 오히려 호감과 존경을 받습니다. 아이에게도 사과해야 할 때 솔직히 "미안해" 하고 말할 줄 아는 마음을 길러주세요. 하지만 이때 그저 "미안해" 하고 말만 하면 다 되는 것이 아니라는 사실을 명심해야 합니다. 아이 스스로 무엇이 잘못된 행동이었는지를 깨우쳐야 하며, 앞으로 어떻게 해야 하는지까지 생각할 수 있어야 합니다.

아이가 뭔가 잘못을 했다면, 머리로는 알고 있으면서 실수로 저지른 일이라고 생각하고 "솔직히 넌 어떻게 하고 싶었어?" 하고 물어보세요. "왜 그런 짓을 한 거야! '잘못했습니다' 안 해?" 하고 꾸짖어봐야 별로 효과가 없습니다. 남자아이는 '이미 저지른 걸 어쩌라고!' 하는 정도로 생각하는 경우가 많으니까요.

그보다 주의를 받거나 야단맞아 풀이 죽어 있을 때는 "너도 잘 알고 있지? 다음부턴 조심해야 해" 정도로 말하고 넘어가세요. 그래야 자각이 생기기 쉽거든요. 아이는 그러한 경험을 통해 자신의 행동에 자신감을 갖게 됩니다.

반성하는 모습이 보이면
먼저 반성하는 태도를 칭찬한다.

사과의 말을 강요한다.

▲
아이를
성장시키는
부모는

아이가
편한 상태에서
집중력을
높이고

▼
아이를
망치는
부모는

긴장감을 줘서
집중력을
높이려
한다

"집중해!" 아이가 숙제나 공부를 하다가 잠깐 딴짓이라도 하면 부모는 자주 이런 말로 지적합니다. 또한 아이가 몇 번이고 같은 실수를 저질렀을 때도 "왜 같은 실수를 또 하는 거야. 집중을 하라고!" 하는 식으로 말하지요.

하지만 "집중해!"라는 말이 반드시 학습 효과를 오르게 하지는 않습니다. 우수한 지도자는 어떻게 해야 아이가 학습에 집중할 수 있는 심리 상태로 만들어줄지 생각해서 가르칩니다. 이를테면 학습을 하기 쉬운 분량으로 나눠 항상 작은 성공을 경험하게 하면서 차츰 지적 호기심을 채워주면 아이의 집중력은 자연스럽게 높아집니다. 또는 아이가 무언가 좋아하는 일을 하고 있을 때 "집중하고 있구나", "잘하네" 하고 칭찬해주세요.

스포츠도 그렇지만 집중하지 않아서 실수를 하는 게 아닙니다. 숙련된 지도자들은 집중하라는 말 대신 "여기서는 이런 점에 조심해", "이 부분에서는 이렇게 해보렴" 하고 행동의 핵심을 가르쳐줍니다. 그러고 나서 칭찬하는 거지요.

남자아이는 무언가 한 가지 일에 금세 빠져드는 성향이 있습니다. 예를 들어, 공벌레나 돌을 모을 때, 퍼즐 맞추기나 블록 쌓기를 할 때, 또는 도감을 들여다보거나 게임을 할 때가 그렇죠. 주위에서 말을 걸어도 알아차리지 못할 정도로 넋이 나가 보이는 일도 많을 것입니다. 부모로서는 하찮게 여겨지거나 탐탁지 않을 수도 있고 화가 날지도 모르지만, 그다지 걱정하지 않아도 되는 일입니다. 그럴 때는 아이가 긴장을 풀고 편안하면서도 집중한 상태이므로 "너는 집중력이 참 좋구나" 하고 무심한 듯 말해주는 게 좋습니다.

집중력은 큰소리로 야단치거나 혹은 격려하고 지도한다고 해서 생기는 습관이 아닙니다. 아이 자신이 '나는 집중할 수 있어' 하고 자각해야 기를 수 있습니다.

좋아하는 일에 집중하고 있을 때
"집중력이 좋구나" 하고 칭찬한다.

뭔가 잘못을 했을 때
"집중해야지!" 하고 꾸짖는다.

3.

자립심
있는
아이로

키우는
리드법

△
아이를
성장시키는
부모는

참을 줄 아는
마음을
가르치고

▽
아이를
망치는
부모는

참는 아이를
안쓰럽게
생각한다

"이 아이는 한번 하겠다고 마음 먹으면 도통 남의 말은 듣지 않아요."

"우리 아이는 자기 의사가 분명해요."

남자아이를 가진 부모가 자주 하는 말입니다. 하지만 제멋대로 행동하는 것과 의지가 강한 것은 전혀 다릅니다. '아이가 하는 말을 잘 들어줍시다!' 하는 취지의 강연과 교육을 할 때면, 아이가 하는 말을 잘 들어준다는 것을 아이가 하자는 대로 모두 따른다는 뜻으로 받아들이는 분이 적지 않은 데 놀라곤 합니다.

지금 아이가 자신의 감정을 조절해서 말하고 있는지, 아니면 감정대로 떼를 쓰고 있는지를 잘 파악해야 합니다. 또한 자신의 성향이 강하게 드러나는 것도 남자아이의 특성입니다. 그래서 자신이 하는 말을 부모가 전부 들어주고, 원하는 것을 다 채우면서 자라면 참을 줄 모르는 아이가 되죠. 인내심을 배우지 못하면 자기중심적이 되고 만족할 줄 모르는 사람으로 자랍니다. 만족을 얻을 수 없기 때문에 욕구가 끝없이 커져가고, 그러면 세상이 시시해 보여 단순히 쾌락만을 추구하게 될 뿐만 아니라 좀처럼 행복감을 얻기 어려워지지요.

게다가 그렇게 욕구가 충족되지 않을 때 자신의 감정을 조절할 능력이 제대로 길러져 있지 않아서 때로는 욱하고 이성을 잃는 현상으로 나타나기도 합니다.

요즘은 그렇게 자라난 젊은이들이 늘고 있습니다. 만족을 모르고 자란 젊은이는 '이런 게 만족이야' 하고 자신에게 가르쳐줄 수가 없습니다. 아이를 이렇게 키우지 않으려면 어릴 때부터 만족하고 감사할 줄 아는 마음을 길러줘야 합니다.

자신의 욕망을 억제하고 스스로 감정을 조절할 줄 아는 아이로 키우기 위해서라도 우선 일상생활에서 인내하는 법을 가르쳐 주세요.

인내하면서 감정을 조절하는 힘을 익힌다.

아이의 말이라면 뭐든지 들어준다.

18

△
아이를
성장시키는
부모는

가정 내에서
규칙을
정하고

▽
아이를
망치는
부모는

규칙에
일관성이
없다

규칙을 강조하면 행여 개성이 없어지는 건 아닐까 하는 염려나, 형식에 얽매이고 싶지 않다는 생각에 규칙 자체가 답답하게 느껴질 수도 있습니다.

축구 경기에서는 공에 손을 대면 안 됩니다. 럭비 경기에서는 공을 앞으로 던져서는 안 되고, 육상 경기에서는 출발 신호가 울릴 때까지는 앞으로 나가지 말아야 합니다.

이렇듯 각 스포츠에는 수많은 규칙이 있습니다. 그러면 규칙이 있다고 해서 경기가 시시해지거나 선수들이 개성을 잃게 될까요? 규칙이 있고 지켜지기에 우리가 경기를 즐길 수 있는 것입니다. 또한 규칙이 있기 때문에 허용된 한도 내에서 방법을 모색하여 더욱 개성을 빛낼 수 있는 것이죠. 그러므로 아이에게도 반드시 사회의 최소단위인 가정 내에서 규칙을 지키는 감각을 길러줘야 합니다. 원래 남자아이들은 정해진 일이나 규칙을 좋아하는 특성이 있습니다. "우리 아이는 너무 말을 안 들어요" 하는 가정일수록 부모가 아이 교육에 계획성 없이 그때그때 형편에 따라 지도하고 있는 경우가 많습니다. 그래서 계획 없이, 되는 대로 해도 된다는 사고가 아이들에게는 마치 규칙처럼 잘못 인식되는 거죠.

가정 내에 규칙이 있으면 언뜻 아이가 자유분방하게 노는 것 같아 보여도 부모나 연장자의 목소리에 금세 반응하고 분별력 있게 행동하는 능력이 차츰 길러집니다. 그러한 아이는 학습 능력도 높고 점점 다양한 능력을 흡수해 나갈 수 있습니다.

초등학생 정도까지라면 올곧은 마음가짐을 가질 것, 남에게 피해를 입히는 거짓말을 하지 않을 것, 자신의 일은 스스로 할 것, 서로 도울 것, 어린 생명을 돌보고 짓궂은 행동을 삼갈 것, 남에게 상처 주지 않을 것, 앞장서서 선한 일을 할 것 등의 내용을 규칙으로 만드는 데 참고로 해도 좋을 것입니다. 또한 규칙을 어기면 꾸짖겠다는 약속을 미리 정해서 알려주는 것도 남자아이에게는 중요합니다. 꾸짖어야 할 일을 정해놓으면 부모가 짜증을 낼 일도 상당히 줄어듭니다. 규칙이란 누가 보고 있어서 지키는 게 아니라 자신이 지켜야 할 규칙이기에 지키는 것입니다. 당연히 인내심도 길러집니다. 이러한 경험이 쌓여서 스스로 자신의 마음을 조절할 수 있게 되는 것이죠.

규칙을 정하면 인내심을 기를 수 있고
부모의 짜증도 줄어든다.

너무 세밀한 계획을 세우거나, 계획 없이 무턱대고
대응하면 규칙을 지키는 감각을 길러주기 어렵다.

△

19

아이를
성장시키는
부모는

자신의 일은
스스로 하도록
키우고

▽

아이를
망치는
부모는

언제까지나
챙기고
돌봐준다

아이는 어떤 시기가 되면 무엇이든 '직접' 하게 됩니다. 부모가 보기엔 아직 못 미더운 구석이 있더라도 아이가 "내가 할 거야!" 하고 의욕을 보이면 잘 이끌어주세요.

가정에서 자신의 일은 스스로 할 수 있도록 가르쳐야 합니다. 가령 유아기에 잠깐 외출할 때라도 자신의 기저귀는 스스로 가져가게 하는 등 자신의 일은 스스로 하는 걸 당연히 여기도록 가르쳐주세요.

또한 다음 날 유치원이나 학교에 가져갈 준비물도 차츰 아이가 스스로 챙길 수 있게 지도합시다. 물론 갑자기 한꺼번에 시킬 게 아니라 준비물 목록을 만들어 목표를 제시하는 겁니다. 그러고 나서 우선 마지막 한 가지만을 아이가 하게 시킨다든지 하는 방법으로 간단한 일부터 하게 해주세요. 아이가 "준비 다 했어요!" 하고 스스로 성취감을 맛볼 수 있게 하면 좋습니다.

부모로서는 아이에게 시키기보다는 직접 하는 게 훨씬 빠르고 정확하겠지만 너무 일일이 챙겨주지 않는 것이 자녀에게 경험할 기회를 주는 거라는 사실을 잊지 마세요.

자신의 일을 스스로 할 줄 알면 다른 사람에게 폐를 끼치지 않게 됩니다. 또한 나서서 다른 사람을 도울 수도 있고요.

게다가 준비하는 과정에서 '뭐가 필요하지?'를 생각하는 '상상력'을 작동시킬 수 있습니다. 이를 통해 대비하고 준비하는 능력이 향상될 것입니다.

남자아이는 자신이 할 줄 아는 일이 늘어난다고 자각하면 할수록 내심 자랑스럽게 여깁니다. 그 자부심은 스스로 무언가를 달성하고 해 나가려는 '자립심'을 길러줍니다. 자신의 일은 스스로 하는 능력과 그 마음을 소중하게 키워주세요.

어릴 때부터 아이가 혼자 할 수 있는 일은
스스로 하게끔 가르친다.

아이가 할 수 있는 일도 계속해서 부모가 챙겨준다.

△
아이를
성장시키는
부모는

말과
스킨십으로
애정을
표현하고

▽
아이를
망치는
부모는

아이가
요구하는
것을
다 들어준다

많은 부모들이 남자아이는 응석꾸러기라고 느낄 것입니다. 하지만 응석부리고 싶어 하는 마음을 충분히 받아주세요. 그러면 미래에 강인함의 원천이 되는 '자상한 마음'을 기를 수 있습니다. 물론 안아주고 사랑을 표현하는 것과 아이가 할 수 있는 일까지 부모가 다 해주는 것은 다르다는 사실을 잊지 말아야 합니다.

애정의 말을 건네고 스킨십을 충분히 해주는 일, 그리고 아이의 마음에 공감을 표현하는 일은 매우 중요합니다. 아이에게 마음껏 애정을 드러내고 표현하세요.

아이의 마음에 공감하려면 아이의 말을 잘 들어줘야 한다는 이야기를 많이 합니다. 이는 아이가 요구하는 것이면 뭐든 다 들어주라는 뜻이 아닙니다. 아이의 말에 귀를 기울이는 것, 즉 '경청'을 의미하죠.

무턱대고 아이의 요구를 다 들어주다가는 아이가 자기중심적이고 제멋대로 자라게 됩니다. 요구하는 대로 다 이루어지면 그 순간에는 만족할지 몰라도 차츰 만족을 느끼지 못하게 돼 결국 요구 사항도 점점 더 커질 게 분명합니다. 또한 자신이 희망하고 원하는 것이 다른 사람에 의해 이루어지므로 행여 만족을 얻지 못할 때는 남의 탓을 하기 십상이죠. 이런 상태로는 인생에 만족감을 주는 가장 중요한 요소인 주체성을 갖고 살아갈 수 없습니다. 그래서 '할 수 없는 건 할 수 없는 것', '안 되는 건 안 되는 것'이라는 사실을 아이에게 똑바로 가르쳐야 합니다. 훗날 자신의 인생에 책임을 지고 스스로 통제할 수 있는 남자아이로 키우려면 어릴 때부터 아이의 이야기를 귀담아 들어주고 조금은 부족한 환경을 만들어줌으로써 아이가 스스로 욕구를 억제하는 방법을 깨우치고 어떻게 하면 만족을 얻을 수 있는지 생각해보게끔 해주세요.

애정을 듬뿍 주고 스킨십을 충분히 한다.

이번에는
또 뭐가 갖고 싶어?

아이의 요구를 뭐든지 들어준다.

△
아이를
성장시키는
부모는

아이를
어떻게
가르칠지
연구하고

▽
아이를
망치는
부모는

아이의
머리가
나쁘다고
여긴다

부모는 자녀에게 많은 것을 가르칠 기회가 있습니다. 그때 가르쳐준 것을 척척 이해하면 기쁜 반면, 좀처럼 알아듣지 못하면 어느새 울화가 치밀어 오르죠. 그런데 아이가 좀처럼 이해하지 못할 때 여러분은 어떻게 하나요? 똑같은 방법으로 다시 설명을 반복하나요?

물론 반복해서 가르치는 방법이 잘못된 것은 아닙니다. 다만 여러 번 해보고도 효과가 없다면 '이 방법이 아이에게 맞지 않는 건지도 몰라' 하고 살짝 사고를 전환해야 합니다.

이때 '가르쳐주고 싶은 내용은 무엇인지', '이해시킬 수 있는 다른 방법이나 순서는 없는지'를 진지하게 고민해야 합니다. 아이가 이해하지 못하는 것은 배우는 쪽의 문제가 아니라 가르치는 쪽의 문제라고 인식하는 겁니다.

제가 강의하는 교실에서는 이런 방법을 사용합니다. 자신의 아이에게 무언가를 가르치다가 아이가 잘 이해하지 못해 엄마가 짜증을 내기 시작하면, 자리를 바꿔 다른 아이를 가르치게 합니다. 그러면 엄마는 그때까지와는 태도를 싹 바꿔 자신의 감정을 통제하고는 어떻게 하면 아이가 이해할 수 있을지를 궁리해서 가르치기 시작합니다. 갑자기 변하는 모습은 재미있을 정도인 데다가 아이도 금세 이해하는 경우가 많습니다.

아이가 무언가를 할 수 있게 된다는 건 두뇌 회로가 그렇게 발달한다는 의미입니다. 즉, 그 정도의 경험과 시간이 필요한 법이지요. 그러므로 초조해하지 않아도 됩니다. 아이가 어떤 일을 잘하지 못하는 상황이 생기더라도 '우리 아이는 못하는 애'라고 단정 짓지 말고 두뇌 회로를 만드는 데 필요한 경험이 아직 적다고 생각하세요. 끈기 있게 반복해서 가르치고 그래도 잘 이해하지 못할 때는 가르치는 방법을 바꿔보는 것이 좋습니다.

아이가 이해하지 못하면 가르치는 방법이
틀렸다고 생각하고 다른 방법을 고민한다.

아이가 알아듣지 못하면 아이 탓이라고 여기고
계속 같은 방법으로 가르친다.

△
아이를
성장시키는
부모는

작은
성공 경험을
많이 쌓게 하고

▽
아이를
망치는
부모는

능력 이상의
과제를
준다

장난감 가게에서 이거 사달라, 저거 사달라 하며 떼쓰는 아이를 자주 볼 수 있습니다. 꽤 긴 시간을 울어대기도 하죠. 오랫동안 떼쓰는 것은 사실 고도의 협상 방법이라고 할 수도 있는데, 아이들이 처음부터 이렇게 할 수 있었던 것은 아닙니다. 조금씩 자신의 의사가 통하는 방법을 깨우치면서 점점 능숙해지는 거죠.

처음에는 '자신이 원하는 물건을 부모에게 쉽사리 얻어 내는 능력'을 습득하는데 "그건 안 돼" 하고 거절당해 장벽이 높아지면 '조금 떼를 써서 그것을 손에 넣는 능력'을 익힙니다. 그러다 거듭 "오늘은 안 돼" 하고 장벽이 더 높아지면 '조금 더 시간을 들여서 손에 넣는 능력'도 더 커집니다. "앞으로는 절대 안 돼" 하는 말로 한층 더 장벽이 높아지면 '오랜 시간을 들여 손에 넣는 능력'이 더 향상됩니다. 이런 식으로 아이의 커뮤니케이션 능력이 점점 커지기 마련입니다. 저는 능력 개발의 관점에서 이 보호자가 매우 훌륭한 방법으로 아이의 능력을 높이고 있다고 생각합니다. 다만 그 상황이 잘못되었을 뿐이죠.

이 방법을 남자아이를 잘 키우는 일에 적용해서 생각해봅시다. 우선 아이가 얼마만큼 할 수 있는지, 또는 얼마나 경험하게 할지를 생각합니다. 그리고 다음 단계에서 아이가 조금만 노력하면 가능한 수준을 마련해주는 겁니다. 아이는 '해냈다!' 하고 작은 성공을 이룸으로써 두뇌 활동이 원활해지고 더 큰 성취감을 추구하게 되죠. 그렇게 해서 마음이 성장하고 능력도 커지며 더불어 도전 의욕과 끈기가 형성됩니다.

　남자아이가 의욕을 잃고 열등감을 갖게 되는 원인은 현재 자신의 수준보다 훨씬 높은 수준의 미션을 갑자기 요구받는 데 있습니다. 아이에게 성취감을 느끼게 하려면 소소한 성공 경험을 겪게 하고 아이의 능력 수준이 올라갈수록 조금씩 더 해결하기 어려운 과제를 주는 것이 좋습니다.

작은 일부터 스스로 해낸 기쁨을 느끼게 하고
단계를 높여 간다.

아이의 능력에 맞지 않는 일을 시켜
열등감을 갖게 한다.

23

△
아이를
성장시키는
부모는

남과
다른
개성을
길러주고

▽
아이를
망치는
부모는

남과
비교해
뒤처진 부분을
고치려 한다

개성이 중요하다는 말을 많이 들 하지만 우리는 사실 자주 비교를 당하며 자랐습니다. 그러므로 아이를 볼 때 자꾸 다른 아이들과 비교하게 되는 건 어떤 의미에서는 어쩔 수 없는 일입니다. 게다가 비교할 때는 아무래도 '아이의 부족한 부분'에 온통 신경이 쏠리게 되죠. 그래서 "넌 그게 안 돼, 이 점이 틀렸어" 하면서 아이의 부족한 부분이나 결점에 주목합니다. 또한 형제자매와도 자주 비교하죠.

"형은 늘 성적이 좋은데 너는 어째 이 모양이냐?"

"네 동생도 알아서 잘하는데 너는 왜 못하는 거야?"

반대로 "네가 더 잘하지" 하고 비교해서 칭찬하는 것도 바람직하지 않기는 매한가지입니다. 아이를 격려하고 용기를 북돋우려는 의도일지라도 이렇듯 부정적인 표현으로 비교하면 아이는 자신감이 꺾여 도전 의욕을 잃기 쉽습니다.

두뇌 발달 면에서 생각해봐도 사람은 태어날 때부터 전혀 다른 환경 속에서 뇌가 성장하므로 사고방식과 감성은 물론, 능력도 다른 게 당연하기에 비교는 아무 의미도 없습니다. 그렇다고 경쟁을 하지 말아야 한다는 의미는 아닙니다. 경쟁은 성장의 원동력이니까요. 그리고 아이들은 경쟁을 좋아하기도 합니다.

당신의 아이는 무엇에 관심을 보이고 있나요. 좋아하는 것은 무엇인가요.

우선은 비교하지 말고 아이가 갖고 있는 능력을 찾아내 끌어내고 키워주면 된다고 생각하세요. 그 아이만의 개성을 발견해 성장할 수 있도록 이끌어주는 거죠. 즉, 아이가 잘하는 분야에서 두각을 나타내면 되는 겁니다.

내 아이만의 개성을 찾아내 능력을 키워준다.

다른 아이와 비교해서 결점을 고치려고 한다.

4.

실패를 통해
성장하는
아이로

키우는
훈육법

24

▲

아이를
성장시키는
부모는

야단칠 때
개선 방법을
생각하게 하고

▼

아이를
망치는
부모는

과거의 잘못까지
집요하게
끄집어낸다

어릴 때 무언가 잘못을 저질러 야단맞을 때면 저는 나름대로 제가 잘못했다는 것을 알고 당연히 반성을 했습니다. 하지만 "대체 왜 그런 짓을 저지르는 거야!" 하고 꾸중이 계속되면 '왜 그런지를 알면 저지르지도 않았겠죠', '내가 묻고 싶은 걸요' 하는 반발심이 생겼습니다. 꾸지람 듣는 내용과 상관없이 스스로에 대한 분한 마음과 야단맞고 있는 자신이 한심해서 서글프기까지 했죠.

인간의 마음은 얄궂어서 처음에는 잘못했다는 마음이 들었더라도 몇 번이나 계속해서 질책을 받으면 나중에는 '야단맞고 있는 자체'에만 생각이 쏠리게 됩니다. 그래서 야단맞는 내용보다 야단치고 있는 상대에게 점점 반항심과 분노를 품게 되죠. 그러므로 야단쳤을 때 만약 아이가 '아, 듣기 싫어!' 하는 반응을 보인다면 야단치는 방법을 바꾸라는 신호입니다.

또한 과거로 거슬러 올라가 잘못을 끄집어내 야단쳐도 대부분 아무 의미가 없을뿐더러 긴 시간 동안 야단치는 부모도 점점 감정이 격해지기 쉽습니다. 아이가 주의를 받거나 꾸중 들은 일을 순순히 받아들이지 않고 반발한다면 교육으로서의 효과는 바랄 수 없으며 오히려 역효과가 날 뿐입니다.

특히 "넌 정말 구제불능이야!" 하고 인격을 부정하는 말은 절대 입 밖에 내지 말아야 합니다.

본인이 반성하고 있는 모습이 보이면 그 다음은 어떻게 해야 좋을지 '개선 방법'을 가르쳐주세요. 그리고 아이가 대답을 하면 "잘 생각했어", "다음엔 잘할 거야" 혹은 "앞으로도 힘내!" 하고 용기를 북돋아주세요.

부모는 자식이 잘되길 바라고 잘해 나가길 원하기 때문에 꾸짖는 것이니 어떻게 말해야 아이가 이해하고 받아들이기 쉬울지를 생각하는 것이 중요합니다. 그러기 위해서는 덮어놓고 야단부터 치지 말고, 실수했을 때 아이가 어떤 심정이었는지를 귀담아듣고 공감해준 뒤에 앞으로는 더 잘하고 싶어 하는 그 마음을 소중히 대해주세요.

다음 번에 또 실수하지 않도록
아이에게 개선해야 할 점을 깨닫게 한다.

집요하게 야단치며
과거의 잘못까지 줄줄이 끄집어낸다.

25

▲
아이를
성장시키는
부모는

야단칠 일을
명확히 정해
짧게 끝내고

▼
아이를
망치는
부모는

길게 말해야
알아듣는다고
생각한다

'칭찬하는 교육'은 매우 중요합니다. 하지만 그렇다고 해서 아이가 잘못을 해도 전혀 야단치지 않는 것은 생각해볼 문제입니다. 아이를 꾸짖을 때는 확실히 꾸짖는 게 좋습니다. '이런 행동은 하면 안 되는 거야' 하는 메시지를 아이가 분위기로도 알 수 있도록 전달합니다.

다만 시간은 최대한 짧게, 가능하면 1분 내에 끝마칠 생각으로 야단치세요. 길게 야단친다고 해서 부모의 의사가 더 잘 전해지는 것은 아닙니다. 오히려 제대로 전달되지 않는 경우가 더 많습니다. 만약 아이가 그 행동이 잘한 일인지 잘못한 일인지 깨닫지 못하는 상태라면 우선 그런 행동을 하면 안 된다고 가르쳐야 합니다.

또한 꾸짖을 때는 다른 사람의 마음에 상처를 입히거나 육체적인 폭력을 휘둘러 다치게 한 경우로 한정하는 것이 좋습니다. 구체적으로는 자신만을 생각한 행동이라든가 약한 사람을 괴롭히는 일, 또는 남에게 피해를 입히는 거짓말을 들 수 있겠죠. 그렇게 야단쳐야 할 상황을 정해두면 아이를 감정적으로 대하는 일도 줄어듭니다. 그리고 꾸짖을 때는 아이에게 '사실은 무엇을 어떻게 하고 싶었는지'를 찬찬히 들어주어야 합니다.

그런 뒤에 다음과 같은 순서로 아이를 대해주세요.

- 아이가 한 행동이 무엇인지 확실히 자각시킨다.
- 상처를 입힌 현실 상황과 사과해야 할 필요성 등 결과와 영향을 명확히 인지시킨다.
- 부모나 주위 사람들이 난처하거나 슬프고 괴롭고 쓸쓸한 감정을 이해시킨다.
- 앞으로 어떻게 할지를 아이 스스로 생각하게 한다.
- 아이가 생각한 일이나 긍정적인 감정을 칭찬한다.

이렇게 명확하고 깔끔하게 꾸짖으면 아이가 스스로 잘못한 행동을 반성하고 앞으로는 어떻게 해야 하는지를 생각할 수 있는 아이로 커 나갈 것입니다.

야단을 침으로써 아이가 스스로 반성하고
고치려는 마음을 갖도록 한다.

기준이 없고 감정대로 장황하게 야단친다.

26

▲

아이를
성장시키는
부모는

해야 할 일을
명확하게
전달하고

▼

아이를
망치는
부모는

"제대로 좀 해라" 하고
막연하게
말한다

"식사할 때는 제대로 해야지" 하는 말을 들으면 무엇을 제대로 해야겠다는 생각이 드나요? '젓가락 쥐는 법?', '밥 먹는 속도?', '앉는 자세?', '흘리지 마라?', '술의 양?', '예절?' 아니면 '뭘 말하는 거지?' 하고 사람에 따라 다양한 반응을 보일 것입니다.

이 '제대로 해라'는 아이를 키우는 부모라면 누구나 자주 사용하는 표현입니다. 물론 사회에 나와서도 많이 듣습니다. 어느 정도 사회 경험을 하다 보면 '제대로' 할 수 있게 되는 일들도 있습니다. 하지만 그것은 '제대로'가 뜻하는 이상적인 상태를 배워서 알고 있기 때문이죠.

한 번도 경험한 적이 없는 일, 이를테면 사회 초년생이 회사에서 일을 시작했을 때 상사에게서 "○○ 씨, 전화 대응 제대로 해주세요" 하는 지시를 받았다고 해봅시다. 이런 일이 처음이므로 대응 방법이나 대화하는 요령, 메모 적는 법, 의견 전달 방법 등 전혀 아는 게 없기 때문에 어떻게 해야 할지 모를 것입니다. 상사가 처음부터 규칙이나 매너를 분명히 가르쳐주고 '이게 제대로 하는 방법이에요' 하고 지도해야 일을 배워 나갈 수 있죠.

마찬가지로 생활 경험이 적은 아이가 부모에게 '제대로 해라' 하는 말을 들은들 척척 해내지 못하는 건 당연합니다. 이렇게 목표점을 가늠하기 어려운 커뮤니케이션이 지속되면 부모의 태도가 아이의 판단 기준이 되고, 그 결과 아이는 부모의 안색을 살피게 되죠.

하지만 부모가 구체적으로 말해주면 남자아이는 그대로 하려고 합니다. 한 가지 예로, 아이의 자세가 좋지 않을 때 "제대로 해라" 하지 말고, "등이 굽어 있어. 등을 쭉 펴보자" 하는 겁니다. 이처럼 어떤 일에 주의를 주고 있는지, 어떻게 해야 하는지를 명확히 알려주는 것이 좋습니다. 이때 아이가 그대로 실행한다면 "아주 잘했어" 하고 칭찬해주세요.

이런 경험이 쌓여야 비로소 '제대로 해라!' 하는 말도 전달되기 마련입니다.

구체적인 행동을 통해 '제대로 하는' 방법을 알려준다.

규칙을 알려주지 않고 "제대로 해라" 하며
감정적으로 꾸짖는다.

▲
아이를
성장시키는
부모는

"앉아서 먹자"
라고
말하고

▼
아이를
망치는
부모는

"서서 먹지 마"
라고
얘기한다

"자칫하면 쏟아지니 조심해", "방 어지럽히지 마", "넘어지지 않게 조심!", "여기서 나오면 안 돼", "뛰지 마!"

이렇게 '~하지 마' 또는 '~하지 않으면 ○○할 수 없어', '~하면 ○○할 수 없어' 하는 말로 아이에게 수없이 주의를 주지는 않나요?

사람의 커뮤니케이션은 두 종류로 나눌 수 있습니다. 하나는 '무엇을 해야 하는가?', 다른 하나는 '무엇을 하지 말아야 하는가?' 하는 사고방식을 전달하는 것이죠. 어느 쪽이 좋다는 뜻이 아닙니다. 부모가 자신의 유형을 알면 다른 한 가지 방법을 시도해볼 수 있고, 그럼으로써 아이를 대하는 방법이 한층 달라진다는 것을 말하려는 것입니다.

물론 아이가 잘되기를 바라는 마음에서 알기 쉽게 말하려고 '~하지 마', '~해서는 안 돼' 하는 표현을 사용하는 겁니다. 하지만 '~하지 마', '~해서는 안 돼'라고 하면 아이는 머릿속으로 '제대로 하지 못하고 있는 자신의 이미지'를 떠올리게 됩니다. 그러면 아이의 행동은 뇌가 떠올린 것에 이끌리게 되고요.

아이가 잘하기를 바란다면 "조용히 기다리렴", "하나씩 정리하자", "균형을 맞춰서 해야지", "이쪽으로 걸어야지", "~하는 게 좋아", "~하면 ○○할 수 있어" 이런 식으로 잘하고 있는 이미지를 떠올릴 수 있는 표현으로 말하는 것이 좋습니다. 남자아이의 목표 달성 능력과 리더십을 길러주려면 잘해 나가는 이미지를 머릿속에 그릴 수 있는 말로 의사를 전달해주세요.

잘할 때의 이미지를 전달한다.

잘못할 경우의 이미지를 전달한다.

28

▲
아이를
성장시키는
부모는

야단친 뒤
행동을 고치면
바로 칭찬하고

▼
아이를
망치는
부모는

아이의 행동이
달라져도
계속 야단친다

"꾸짖어야 할 때는 어떻게 해야 할까요?" 종종 이런 상담을 받습니다. 아이가 조용히 해야 할 장소에서 시끄럽게 떠들거나 물건을 험하게 다룰 때는 확실하고 강한 어조로(단, 너무 큰 소리를 내지 않도록, 혹은 다른 장소로 옮겨서) "여기가 큰 소리를 내도 되는 곳이야?", "물건을 험하게 다뤄도 괜찮을까?" 하고 말합니다. 감정적으로 할 필요는 없지만 약간은 진지하게 연기를 해주세요.

아이가 일순간 조용해지면 그때 바로 "그렇지. 바로 알아듣는구나" 하고 칭찬해줍니다. 그러면 아이는 부모가 무얼 원하는지 분위기를 감지합니다. 해서는 안 되는 행위가 무엇인지를 알려주고 아이의 행동이 달라지는 순간에 "금방 알아듣네?" 하고 칭찬하는 것입니다. 남자아이는 인정받고 싶거나 칭찬받고 싶은 마음이 강해 이런 방법으로 반복해서 가르치면 자신이 어떻게 해야 할지를 깨닫고 행동으로 옮길 수 있게 됩니다. 또한 아이의 행동이 달라진 뒤에도 "잔소리를 안 하면 제대로 하질 않으니 말이야, 항상 그렇다니까!" 하며 화난 감정을 가라앉히지 못하고 계속해서 야단쳐서는 안 됩니다. 그럴 경우 아이가 나쁜 행동을 더 할지도 몰라요.

아이의 행동 변화가 일어난 순간이 바로 칭찬해야 할 좋은 타이밍입니다. 이것이 중요 포인트예요. 그 순간을 놓치지 말고 칭찬하세요. 그러면 아이는 '이게 바로 해야 할 일이란다' 하는 부모의 의사를 분명히 알아듣습니다. 다만, 이때 아이가 칭찬받기 위해서 무언가를 하는 상황이 되지 않도록 주의해주세요. 그래야 아이가 자신이 해야 하는 일이니까 할 뿐이라고 스스로 행동을 결정할 수 있습니다.

대부분의 부모들이 칭찬하기 좋은 순간을 많이 놓치고 있습니다. 설령 한창 야단맞고 있는 아이에게도 칭찬할 점은 있기 마련이니 아이의 행동 변화를 잘 살펴보세요.

아이의 행동이 달라지면 곧바로 칭찬한다.

행동이 달라져도 계속 야단친다.

29

▲
아이를
성장시키는
부모는

규칙과 약속을
담담하게
실천하고

▼
아이를
망치는
부모는

규칙을 깨고
아이와
협상한다

"왜 과자를 사달라고 조르지? 과자는 사지 않기로 약속했잖아?" 이렇게 아이를 윽박지르며 야단치지는 않는지요? 떼쓰는 아이를 잡아 끌면서 쇼핑을 하는 일이 있는데, 결국 과자는 사주지 않았으니 아이가 '과자를 사지 않겠다는 약속'을 깬 것은 아닙니다. 그런데도 약속을 깼다고 야단맞는 거죠.

이런 상황이 벌어지지 않게 하려면 사전에 한층 더 깊이 생각해야 합니다. 이를테면 '만약 과자를 사달라고 조르면 쇼핑을 중단하고 바로 집으로 돌아간다'는 약속을 하는 거죠. 실제로 아이가 "과자 사 줘" 하면 곧바로 "약속 기억하지? 이제 집으로 돌아갈 거야" 하고 담담히 약속을 실천하세요. 마음은 편하지 않겠지만 야단칠 필요도 없습니다. 부모가 규칙을 지키는 모습을 보여주는 겁니다. 한번 그렇게 경험하면 아이도 깨닫게 됩니다.

또한 조용한 공공시설에 가는 경우, "지금부터 가는 곳은 조용히 해야 되는 장소니까 떠들고 싶으면 이쪽으로 나와서 얘기하렴. 약속할 수 있지?"라고 물어보고 아이가 약속을 하면 데리고 가세요. 그렇게 해서 공공장소에 갔다면 아이가 떠든다거나 할 때가 중요합니다. 이때 "조용히 할 수 있어? 없어? 할 수 없으면 밖으로 나가!" 하고 협박하거나 타협하는 모습을 자주 볼 수 있습니다. 하지만 그럴 게 아니라 떠드는 아이에게 "떠들고 싶으면 이쪽으로 와야 한단다. 조용히 할 거면 그대로 있어도 되지만" 하고 담담하게 말하며 처음에 약속한 규칙대로 떠들어도 되는 곳으로 데리고 가는 것이 좋습니다.

그때 아이가 당황해서 "조용히 할게요" 하고 말하더라도 그런 '협상'에 응해서는 안 됩니다. 아이가 말하는 대로 타협하고 봐주면 부모가 약속을 깨는 모습을 아이에게 보여주는 셈이 되기 때문입니다. 그러면 아이는 '약속은 지키지 않아도 되는 것'이라고 인지하게 되거든요.

규칙을 정하고도 부모의 행동에 일관성이 없으면 아이는 언제까지나 약속을 지키는 사람이 되지 못합니다.

부모가 약속한 대로 규칙을 지킨다.

아이가 약속을 깼을 경우 타협하거나 협박한다.

5.

사회성 있는 아이로

키우는 지도법

△

30

아이를
성장시키는
부모는

집에서
먼저 인사하며
본보기를
보이고

▽

아이를
망치는
부모는

아이가
인사해도
제대로
받지 않는다

아침에 일어나면 "안녕히 주무셨어요?"부터 시작해 "다녀오겠습니다", "다녀오셨어요?", "고맙습니다", "천만에요"와 같이 서로 인사를 나누고, 잠자기 전에는 "안녕히 주무세요"로 하루를 마치는 가정에서의 인사는 사회성을 기르는 기본입니다.

우선 아침에 일어나면 "잘 잤어?", "안녕히 주무셨어요?" 하고, 설사 기분이 좋지 않을 때도 제대로 인사를 나누도록 하세요. 평소에 부부끼리도 인사를 나누면 아이는 그런 부모를 보며 자연히 인사를 습관으로 익히게 됩니다.

"인사해도 상대에게 들리지 않으면 무례하다고 생각할 수도 있단다", "네가 아는 사람이 있으면 먼저 인사하렴. 그게 예의야" 하고 가르치세요.

가끔씩 "인사 안 해?" 하고 부모가 아이에게 강요하는 모습을 봅니다. 이럴 때는 대개 아이에게 "똑바로 인사해야지! 왜 못하는 거야?" 하고 다그치면서 "저희 아이가 낯을 가려서요. 죄송합니다" 하는 식으로 대화를 이어나가죠. 이런 부모를 보면 '아이를 잘 모르시는구나!' 하는 생각이 들 때가 많습니다. 그러면 저는 아이에게 이렇게 말을 건넵니다.

"괜찮아. 아까 분명 인사했는걸. 선생님은 알고 있단다."

왜냐하면 아이들은 대부분 엄마 뒤로 숨으면서 고개를 살짝 숙이거나 입술을 움직여 인사를 하거든요.

"인사해야지!" 하고 꾸짖기만 하면 오히려 아이가 인사할 타이밍을 놓치기 쉽습니다. 또한 야단맞을 때의 우울한 기분 때문에 인사 자체를 꺼리게 돼 점점 더 인사하는 게 어렵고 어색해질 수 있습니다. 그러므로 이럴 때는 야단치지 말고 부모가 인사하는 모습을 보여주는 게 효과적이라는 사실을 잊지 마세요.

또한 "인사를 해도 반응이 없는 사람이 있지만, 그래도 인사는 해야 하는 거야" 하고 가르치세요. 인사는 상대를 인정하는 행위이기 때문에 상대의 마음을 열 수 있어 인간관계를 원활히 하는 계기를 만들어주기도 합니다.

가정에서도 제대로 인사한다.

아이의 인사를 무시한다.

△
아이를
성장시키는
부모는

시간을
정해
알려주고

▽
아이를
망치는
부모는

빨리
하라고
다그친다

"빨리 해!"는 어쩌면 엄마들이 가장 많이 하는 말이 아닐까요? 시간 감각이 길러지기 전이라면, 아이들은 무엇을 해야 할지 알고 있으면서도 '언제 해야 좋을지' 행동의 타이밍을 잘 파악하지 못합니다. 그런데 부모에게 야단맞고서야 행동하는 일이 많아지면 나중에는 부모의 지시를 기다렸다가 행동하게 되어 좀처럼 계획성을 길러주기 어렵습니다.

우선은 집에 있는 시계를 이용해 '시간관념'을 가르쳐주세요. 등원이나 등교 시간 또는 부모의 출근 시간에 "지금 몇 시 몇 분이네. 자, 이제 갈까?" 하는 말을 덧붙이는 데서부터 시작하면 좋습니다. 행동을 일러스트로 그려서 시계 가까이에 두는 방법도 즐거울 수 있고요. 하지만 시계를 볼 줄 알게 되어도 시간 감각을 이해하기는 어렵습니다. 그러므로 시계 보는 법을 가르칠 때 '시간 감각'을 함께 길러주세요.

예를 들어, 욕조에 물이 가득 채워질 때까지의 시간을 모래시계처럼 시간의 변화를 눈으로 확인할 수 있는 물건을 사용해 가르치면 아이들이 쉽게 이해합니다.

최근에는 남은 시간을 시각적으로 알 수 있는 타이머도 시중에서 많이 판매하고 있습니다. '엄마가 열을 셀 때까지' 하는 식으로 정해진 시간 내에 무언가를 하는 게임으로도 즐겁게 시간 감각을 익힐 수 있습니다. 또한 어떤 일을 할 때 그 시간을 옆에서 측정해주는 방법도 효과가 있습니다. 옷을 갈아입는 시간을 재서 "지금 옷 갈아입는 데 몇 분 걸렸어" 하고 말해주는 거죠. 문제지 프린트물이나 문제집을 풀 때도 마찬가지이며, 게임을 하는 시간도 그렇습니다. 어디까지나 게임 감각으로 한다는 것이 핵심이에요.

또한 공원 같은 데서 놀고 있을 때 "지금 곧 집에 돌아오는 것과 5분 더 놀다 들어오는 것, 어느 쪽이 좋아?" 하는 식으로 물어보면 시간 감각뿐만 아니라 행동의 전환이나 선택 능력도 길러지므로 추천하고 싶은 방법입니다.

어떤 일을 하는 데 어느 정도의 시간이 걸리는지를 알게 되면 일상생활 속에서 준비하는 단계가 중요하다는 사실을 깨달을 수 있고 계획적으로 행동할 수 있게 됩니다.

욕조에 물 받기 등을 이용해 시간 감각을 익힌다.

그저 빨리 하라고 다그치기만 해서는
시간 감각을 기를 수 없다.

△
아이를
성장시키는
부모는

존경의 말과
긍정적인 표현을
하고

▽
아이를
망치는
부모는

항상
누군가의 험담이나
단점을 말한다

평소에 아이 앞에서 아이의 친구에 대해 어떻게 말하십니까? 깎아내리지 않고 칭찬하거나 존중하는 표현으로 긍정적인 대화를 나누나요? 남자아이는 누가 자신의 친구를 칭찬하면 기뻐할 뿐만 아니라 칭찬과 존경의 말을 하는 사람을 좋아하고 잘 따릅니다. 타인을 자주 칭찬하는 분위기의 가정에서 자란 아이는 승인 욕구도 채워져 다정하고 자신감이 있으며 향상심이 있고 개성도 발달됩니다. 타인을 인정할 줄 알고 장점도 잘 찾아내죠. 또한 친구들이 노력하는 모습과 마음자세 등 결과보다 과정에서의 좋은 점을 표현함으로써 라이벌이나 롤모델이 생기고 그 상대를 목표로 노력하려는 마음을 키워 나갑니다. 성장 의욕을 기른다는 의미에서도 효과적이죠.

한편 남자아이는 동지의식이 강해 친구의 결점을 들으면 거부감이 생깁니다. 험담의 내용보다도 그 말을 하는 사람에게 혐오감을 느끼기 쉬우니까요. 그러므로 가정 내에서도 남을 비판하고 험담이나 악평을 하면 아이에게 존경받지 못합니다. 또한 그런 가정에서 자란 아이는 자신에게 자신감이 없고 남의 성공을 기뻐하지 않으며, 자신이 인정받기 위해서 아무렇지도 않게 남을 밀쳐 내기도 합니다.

"험담은 결국 자신에게 돌아오는 법이란다."

"다른 사람에게서 좋지 않은 점을 발견했다면 나는 그렇게 되지 않도록 조심하면 돼."

"유유상종이라는 말이 있어. 남의 험담을 하는 사람 주위에는 험담을 좋아하는 사람이 모이고 좋은 이야기를 하는 사람의 주변에는 좋은 이야기를 하는 사람이 모이기 마련이지. 어느 쪽이 좋을까?"

이런 식으로 남의 험담이 좋지 않다는 것을 확실히 가르쳐주세요. 물론 부모님도 그런 말을 하지 않도록 조심하셔야 합니다. 가정에서는 언제나 존경의 말과 긍정적인 표현이 오갈 수 있도록 신경 써주세요.

좋은 일을 말로 표현하고 반면교사도 가르친다.

남의 험담을 일삼아
아이의 마음이 부모에게서 멀어지게 한다.

△

아이를
성장시키는
부모는

역할을 주어
자립심을
길러주고

▽

아이를
망치는
부모는

아이가 스스로
알아서 하길
바란다

남자아이는 어떤 역할을 맡으면 의욕이 넘쳐서 그 일을 합니다. 부모가 맡긴 일을 해내고 칭찬받으면서 또 한 뼘 성장해 나가는 것이지요. 그렇게 성장하면서 혼자 할 수 있다는 자신감이 붙고 다른 사람에게 도움이 될 때의 기쁨도 배웁니다. 따라서 남자아이에게는 "이것은 너의 역할이야. 잘 부탁해" 하고 역할을 맡겨 부모를 돕도록 해주세요. 우선은 쉬운 일부터도 괜찮습니다. 우편함에서 우편물을 꺼내 온다거나 꽃에 물을 주는 일, 욕조 마개를 끼우고 목욕물을 받는 일, 식사 때 접시와 젓가락을 식탁에 놓는 일, 외출할 때는 자신의 짐 말고도 조금이나마 다른 사람의 짐을 들어주는 일 등 여러 가지가 있겠죠.

그리고 아이가 이런 일을 해냈을 때는 "고마워. 정말 도움이 되었어", "네가 도와줘서 정말 기뻐" 하고 꼭 감사의 말을 전해주세요. 그런 감사의 말이 격려가 되고 아이는 더욱더 기꺼이 도와주게 됩니다.

부모가 믿고 의지할수록 아이는 든든한 사람이 되어갑니다. 다른 사람이 자신을 의지한다는 의식은 자립심으로 연결되거든요. 그렇게 바람직한 셀프 이미지를 키워주세요.

그러면 마침내 어른이 되면 사람들에게 도움이 되고 싶다는 의식과 사회성도 길러집니다. 이는 다른 사람에게 도움을 주는 사람이 되려면 자신이 똑바로 해야 한다는 사고와 마음을 갖게 해줍니다.

심부름은 아이가 당연히 해야 할 일이라고 여겨 고맙다는 인사조차 하지 않으면, 분명 아이도 부모가 시키니까 그냥 한다는 인식을 갖게 됩니다. 만약 무언가를 부탁했을 때 아이가 귀찮다는 듯이 대답하면 그런 마음이 계속될지도 모릅니다.

심부름은 칭찬하기 위한 씨를 뿌리는 작업이라고 생각하세요. 씨 뿌리기라고 생각하면 다양한 일을 할 수 있을 것입니다. 하루 동안 '어떻게 하면 아이를 칭찬할 수 있을까?'를 생각해 아이가 할 수 있는 일을 부탁하면 좋을 것입니다.

심부름을 칭찬하기 위한 씨 뿌리기로 삼고
감사의 말을 전한다.

심부름을 아이가 하는 게 당연하다고 여기고,
잘했는지 못했는지를 평한다.

△
아이를
성장시키는
부모는

구체적인
질문으로
생각을
정리케 하고

▽
아이를
망치는
부모는

애매한
질문으로
혼란스럽게
만든다

상담을 할 때 아이의 아빠, 엄마들로부터 이런 고민을 듣곤 합니다.

"저희 애는요, 밖에서 있었던 일은 거의 말을 안 해요."

"'무슨 일이 있었는데?'라고 물어도 '몰라' 아니면 '잊어버렸어'라고 대답해요. 그날 있었던 일도 잊어버리다니 정말 걱정입니다."

"말하는 게 두서가 없어서 도통 알아들을 수가 있어야죠."

그런데 그 아이들과 직접 만나 이야기를 들어보면 실제로는 대부분 똑똑히 기억하고 있을뿐더러 아주 조리 있게 말을 잘합니다. 그래서 부모들에게 "혹시 '오늘 어떤 일이 있었니?' 이렇게 물어보시지 않나요?" 하고 물어보면 대부분의 부모가 "그렇게 묻죠"라고 대답합니다.

사실 이런 식으로 질문하면 아이들은 대답하기가 무척 어렵습니다. 이 질문을 받은 순간 그날 있었던 많은 일들이 잇따라 떠올라 무엇부터 말해야 좋을지 잘 모르기 때문이죠.

그 결과 "오늘은 놀이터에서요, 그네를 탔는데요, 아무개가요, 울었어요, 점심을 먹었고요." 이렇게 뒤죽박죽 무슨 말을 하는지 잘 모를 대답이 되어버리는 거죠. 그러면 아이는 점점 귀찮아져서 "아 몰라요. 생각 안 나" 하고 대충 넘어가려고 하는 겁니다. 초등학생 정도의 남자아이에게 흔히 있는 일이에요.

그렇다면 어떻게 해야 좋을까요? 막연하게 묻지 말고 궁금한 점을 세부적인 내용으로 범위를 좁혀 구체적으로 물어보는 게 좋습니다. 이를테면 "놀이터에서는 뭘 하고 놀았니?", "점심은 누구랑 같이 먹었어?" 하고 묻는 겁니다. 그리고 아이가 대답하면 "그랬구나. 그래서?" 하고 질문해보세요. 그러면 그때까지와는 다른 대답이 돌아올 겁니다.

초등학교 저학년 정도까지 남자아이는 여자아이에 비해 논리적인 사고력이 부족한 편입니다. 어른이 요령 있게 질문을 던지면서 대답을 이끌어주면 아이의 사고력을 키울 수 있다는 점을 잊지 마세요.

"오늘 미술 시간에는 뭘 그렸니?" 하고
상황을 좁혀서 질문한다.

"오늘은 뭘 했니?"가 아이들을
혼란스럽게 한다는 걸 깨닫지 못한다.

△

35

아이를
성장시키는
부모는

일의 즐거움과
미래의 꿈을
이야기하고

▽

아이를
망치는
부모는

일에 대한
푸념과 불만을
이야기한다

제가 어렸을 때는 친척들이 모여 대화 나누는 모습을 보면 '왠지 즐거워 보여' 하는 생각이 들었습니다. 처음에 모두 모여 인사를 나누고 나면 어른들이 "애들은 저쪽에서 놀아"라고 말해 아이들은 따로 구분되어 놀았죠. 그럴 때 취미나 일에 관한 이야기 등 뭔가 즐겁게 대화를 나누는 어른들을 보면서 빨리 커서 나도 어른들 사이에 끼고 싶다는 생각을 했습니다.

제가 어른의 세계를 동경한 것은 어른들이 대화하는 모습이 활기 넘치고 즐거워 보였기 때문입니다. 맞아요. 아이들이 활기 있으려면 어른의 활기가 필요합니다. 특히 가까운 어른인 부모가 활기찬 모습을 보여주는 것이 중요합니다.

어릴 때 어른의 세계에 환멸을 느끼게 되면 '빨리 크고 싶어', '나도 어른이 되고 싶어' 하는 에너지가 좀처럼 솟아나지 않거든요. 물론 때로는 일이나 가정에서 느낀 불평이나 넋두리를 하고 싶겠지만 그럴 때는 아이의 귀에 들어가지 않도록 신경 써주세요.

어떤 지인은 집에서 웃으면서 일을 하고 있었더니 아들이 "아빠, 일이란 건 즐거운 거예요?" 하고 물어 "어, 즐겁지. 너도 어른이 되면 즐거운 일을 많이 하렴" 하고 바로 대답했다고 합니다. 훗날 그 아들의 결혼식에 갔더니 아들이 인사하면서 이렇게 말하더군요.

"실제로 일을 해보니 즐거운 일만 있는 것은 아니더라고요. 하지만 그때 아버지의 그 한마디에 저는 미래에 대한 희망을 갖게 되었거든요." 아마도 그때 아버지의 말이 줄곧 기억에 남아 있었던 모양입니다.

부모가 즐거워하는 모습은 분명히 아이가 살아가는 에너지입니다. 아이가 어른의 세계를 동경하는 마음은 미래를 향해 열심히 살고자 하는 원동력이 됩니다. 아이 앞에서 얼굴을 찌푸리고 불만과 푸념만 할 것인지, 아니면 환히 웃으며 미래의 꿈을 이야기할 것인지, 당신은 어느 쪽을 택하겠습니까?

일의 즐거움을 마음껏 이야기한다.

일의 괴로움이나 힘든 점을 털어놓는다.

△
아이를
성장시키는
부모는

아이의
호기심을
진지하게
받아들이고

▽
아이를
망치는
부모는

자신의
감정과
기분을
우선한다

"엄마, 신기한 벌레가 있어요."

"어머 벌레라니, 징그러워. 얼른 갖다버려!"

이런 대화를 나눈 적은 없으신가요? 벌레뿐만 아니라 남자아이가 관심을 갖는 대상 중에는 안타깝게도 엄마가 이해할 수 없는 것이 많을지 모릅니다. 남자아이는 모처럼 자신이 발견한 대상물을 인정받고 싶어서 "엄마!" 하고 말을 걸 겁니다. 자신이 너무나 좋아하는 엄마가 무심하고 쌀쌀한 반응을 보이면 자신이나 자신의 호기심과 감성을 부정당한 것처럼 느끼죠. 아이는 부모가 자신의 이야기와 감정을 그대로 받아들여주면 안심하고 기뻐합니다. 반대로 부모가 자신이 한 말을 부정하거나 싫어하는 기색을 보이면 마치 자신을 부정당한 듯한 느낌을 받게 되므로 이 점에는 주의해야 합니다. 아이가 꺼낸 화제에 관심을 나타내는 답변은 아주 간단합니다. 바로 '아이가 한 말을 반복하는' 것입니다.

"엄마, 신기한 벌레가 있어요" 하고 알려주면 "정말 신기한 벌레가 있네", "그래? 특이한 벌레를 발견했구나" 하는 식으로 대답해주세요. 특히 기분을 나타낸 말을 반복하고, 아이가 잘 표현하지 못할 때는 "무슨 벌레일까?" 하고 부모 쪽에서 말을 바꿔서 관심을 보여주는 것이 중요합니다.

부모는 자신이 싫어하는 것에 대해서는 무심결에 아이의 말을 가로막거나 자신의 감정과 사고를 먼저 말하는 경향이 있습니다. 이때 조급하게 굴지 말고 다소 여유롭게 아이의 말을 듣고 진지하게 받아들여주세요. 그런 다음에 "이제 놓아줄까?" 하고 의견을 제시하면 됩니다.

사실 중요한 것은 말뿐만이 아닙니다. 목소리의 크기와 속도, 얼굴 표정, 몸짓 등 언어 이외의 면에서도 얼마나 아이에게 관심을 드러내느냐가 매우 중요하죠. 부모가 자신을 받아들이고 있다는 감각을 언어 이외에도 느끼면 더욱 자신감이 붙습니다.

아이가 한 말을 반복해서 말한다.

아이의 발견에 공감해주지 않고
부모 자신의 의견을 먼저 말한다.

△
아이를
성장시키는
부모는

해야 할 일을
하게 할 방법을
생각하고

▽
아이를
망치는
부모는

하고 싶은 대로
다 하도록
묵인한다

"아이의 자주성을 존중합니다."

대부분의 보호자가 이렇게 말합니다. 자주성이 중요한 것은 두말할 필요도 없죠. 하지만 육아로 고민하고 있는 부모의 행동을 보면 고개를 갸우뚱하게 되는 일이 많습니다. '아이가 하고 싶다고 하면 하게 하고, 하고 싶지 않다고 하면 시키지 않는다'고 말하는 부모를 자주 봅니다. 이는 얼핏 보기에는 자주성을 중시하고 있는 듯하지만 실은 그렇지 않습니다.

하고 싶은 대로 마음껏 하게 하는 것은 자주성을 길러준다기보다 '제멋대로'인 아이로 키우게 될 수도 있습니다. 아이는 자신의 유쾌함과 불쾌함을 기준으로 좋아하고 싫어하는 것을 고르기 때문입니다. 그러면 하고 싶지 않은 일은 자신이 나서서 하지 않는 아이가 되는 것이죠. 자주성은 해야 할 일을 남이 시키기 전에 주체적으로 솔선해서 하는 것이며, 이때 '해야 할 일'은 '하기 싫으면 하지 않아도 되는 일'이 아닙니다.

만약 TV 시청이나 게임을 제한하고 싶다면 노는 시간에 관해 규칙을 정해 아이가 실천할 수 있는 방법을 생각해보세요. 예를 들어, 놀이나 게임별로 티켓을 만드는 건 어떨까요? 티켓 한 장으로 한 시간 동안 이용할 수 있다는 규칙을 정하고 아이에게 일주일분을 줍니다. 그 기간이 지나면 다시 받을 수 있습니다. 만약 티켓을 사용하지 않고 게임을 한다면 한 장을 몰수한다든가 하는 벌칙도 규칙으로서 정해두는 것이죠. 또한 기간 내에 남은 티켓은 한 장에 얼마씩 용돈으로 줘서 자유롭게 쓰도록 하는 식으로 티켓 사용법을 규칙으로 정하면 됩니다. 이러한 규칙이 정해져 있으면 남자아이는 서서히 티켓 사용법에 관해 머리를 쓰게 됩니다. 즉, 규칙을 지키고 자신의 감정을 절제할 줄 알게 되어 자주성이 길러집니다. 아이가 실행하기 쉬운 방법을 고안해 규칙과 인내를 가르치고, 해야 할 일을 자연스럽게 할 수 있는 습관을 길러주세요.

규칙을 지킴으로써 자주성을 길러준다.

하고 싶은 대로 하게 두고 제멋대로 키운다.

△
아이를
성장시키는
부모는

아이의 사고를
유연하게
키우고

▽
아이를
망치는
부모는

자신의 사고 틀에
아이를
맞추려 한다

"그렇게 하면 잘 안 될 거야."

"이렇게 하면 잘될 거야."

두 가지는 모두 아이가 목표를 달성하기 바라는 마음에서 부모가 한 말입니다.

전자는 '목표 달성을 위해서는 무엇을 하면 안 되는지', 후자는 '목표 달성을 위해서는 무엇을 해야 좋은지'에 생각의 바탕이 있습니다.

남자아이에게 의사를 명확하게 전달하기 쉬운 방법은 후자입니다. 앞에서도 언급했지만 사실 이러한 사고방식은 부모의 일상 습관에서 무의식적으로 나오는 것으로, 어느 쪽이 좋다거나 나쁘다는 뜻이 아닙니다. 하지만 현실적으로 사회에서는 조직의 목표를 달성하기 위해서는 어떻게 해야 좋을지, 건설적인 의견과 리더십이 요구됩니다.

그러므로 가정에서 평소에 '무엇을 하고 싶은지', '어떻게 하고 싶은지'에 관한 대화가 이루어지면 아이도 자연스럽게 목적을 달성하는 데 필요한 사고방식을 습득하게 됩니다. 장래에 리더로 활약하려면 이러한 사고방식이 꼭 필요합니다.

다만 생각이 여기에만 치중돼서는 안 됩니다. 항상 예측할 수 없는 사태에 대비하여 '무엇을 하면 안 되는지'를 사고하는 자세도 중요합니다.

만약 아이와 대화할 때 "이런 식으로는 안 된다니까" 하는 말을 자꾸 하게 된다면 "그러네. 자, 그럼 무엇을 해야 잘될까?" 하는 질문으로 바꿔보세요. 또한 "그렇게 하면 ○○ 할 수 있어"라는 대화가 빈번히 오간다면 "그러네. 자, 그럼 어떤 점에 신경을 쓰면 될까?" 하는 말을 건네보세요. 그런 대화야말로 아이의 사고를 유연하게 길러줄 테니까요.

아이의 생각이 한쪽으로 치우치지 않는지 주의한다.

자신의 사고관을 강요한다.

6.

주체적인
아이로

키우는
놀이법

▲
아이를
성장시키는
부모는

밖에서
마음껏
놀게 하고

▼
아이를
망치는
부모는

집에서 노는 걸로
충분하다고
생각한다

"아이가 더 의욕을 가졌으면 좋겠는데 어떻게 해야 좋을지 모르겠어요" 같은 고민을 가진 부모들이 많습니다. 그런데 이 '의욕'은 어디서 오는 걸까요?

의욕은 두뇌에 있는 전두엽의 작용으로 일어나며 구체적으로는 '시각 기능'의 영향을 크게 받습니다. 다시 말해, 눈의 기능을 활발하게 하면 전두엽이 활성화되어 의욕을 불러일으킵니다. 그렇다면 시각 기능을 높이기 위해 구체적으로 뭘 하면 좋을까요?

바로 야외 활동입니다. 바깥에 나가서 노는 건 눈의 기능을 향상시키는 데 매우 효과가 있다고 알려져 있으며, 전반적인 신체 능력을 높일 수 있는 등 많은 장점이 있습니다.

뛰고 넘어지고 하는 동안에 시선을 차례로 움직여 가는 '도약성跳躍性 안구 운동'이나 구름 또는 나뭇잎의 윤곽을 좇아가며 천천히 움직이는 사물을 바라보는 '추종성追從性 안구 운동', 가까운 곳에 있는 꽃과 벌레를 보는 '협조성協助性 안구 운동' 등, 바깥에서 노는 동안에 눈을 활발히 움직이면서 시각 능력을 높이는 것입니다.

다만 시력에 문제가 없어도 이러한 시각 기능이 제대로 작동하지 않는 경우가 있어, 이런 원인으로 공놀이나 격투기, 체조 같은 운동을 싫어하는 사람도 많습니다. 그 밖에도 문자를 제대로 읽고 쓸 수 없다거나 도형의 인식과 계산, 또는 칠판에 글씨 적기나 가위로

점선을 따라 자르기가 어렵고, 종이접기를 잘 못하는 일도 자주 있습니다. 이들 대부분은 시각 기능이 떨어져 생기는 것인데, 이로 인해 학습 능력이 낮다고 여겨지기도 하고 소극적인 성격이 된 아이도 늘고 있습니다.

최근에는 밖에서 놀게 하는 데 대한 불안감도 있어서 실내 놀이나 인터넷 게임만 시키는 가정도 많을 것입니다. 하지만 실내 활동만으로는 시각 기능을 좀처럼 높일 수 없습니다. 이 사실을 꼭 의식해 밖에서 노는 시간을 만들어주세요.

야외 놀이는 시각 능력을 향상시키고
의욕을 불러일으킨다.

실내 놀이만으로는 시각 능력을 높일 수 없으며
의욕도 이끌어내기 어렵다.

▲
아이를
성장시키는
부모는

판타지 세계를
중요하게
생각하고

▼
아이를
망치는
부모는

비현실적,
비과학적인 것을
부정한다

"거짓말은 나쁜 거잖아요. 아이에게는 올바른 사실을 알려주고 현실을 제대로 가르쳐야 해요. 그래서 소인^{小人}(전설이나 동화에 나오는 상상의 인물-옮긴이 주)이나 마법이 나오는 비과학적인 동화라든지 옛날이야기같이 명백한 거짓말을 가르치는 책은 저희 집에서는 절대 읽게 하지 않아요."

이 말은 극단적으로 생각될지 모르지만 실제로 제가 어떤 부모에게 들은 이야기입니다. 물론 저는 동화나 옛날이야기가 매우 중요하다고 생각합니다. 공상 세계는 아이들에게 소중한 마음의 영양분이에요. 특히 남자아이는 이미지 능력이 높고 판타지를 통해 공상 세계에서 상상의 나래를 펼치고 설레는 기분에 잠기기를 좋아합니다. 이러한 체험은 남자아이의 호기심을 높이고 나아가 차츰 상상력과 창의력을 길러주죠.

그러면 여기서 옛날이야기를 이용해 이미지 능력을 한층 높여주는 간단한 방법을 소개해드리겠습니다. 우선 아이에게 이런 식으로 책을 읽어주세요.

"옛날 옛날 어떤 마을에 할아버지와 할머니가 살고 있었습니다."

이때 "어떤 집에 살고 있었을까, 어떤 옷을 입고 있었을까?" 하고 물어본다거나 "강에서 빨래를 하고 있는데 강물에 커다란 수박

185

이 둥둥 떠내려왔습니다"처럼 실제 줄거리와는 다른 이야기를 하는 것입니다. 이를 들은 아이가 "그거 아니야. 이상해" 하는 반응을 보일 수 있느냐가 중요합니다. 이러한 질문을 머릿속에 그리면서 이미지 능력이 점점 높아지고 고정관념에 얽매이지 않는 창의력이 길러집니다. 또한 상황을 설명하기 위한 논리 능력도 높아지고요. 이미지 능력이 높으면 사물을 이해하는 학습 능력도 높아집니다. 어릴 때부터 이미지 능력을 길러주면 장래의 비전을 그리는 능력도 자연히 몸에 익힐 수 있습니다.

저는 아이들이 사회에 나갔을 때 "미래를 위해서 현재 상황을 이렇게 바꿔보자!" 하고 주위 사람들을 이끌 수 있는 인물이 되기를 바랍니다. 그러기 위해서도 문제를 발견하고 해결하며 타인을 배려할 수 있도록 상상력과 창의력을 길러주세요.

동화나 옛날이야기를 통해 상상력과 창의력을 기른다.

판타지를 부정하면 한 가지 해석에만 사로잡혀
꿈을 그릴 수 없다.

41

▲
아이를
성장시키는
부모는

작은 상처가
큰 사고를
예방한다고
하고

▼
아이를
망치는
부모는

작은 상처도
나지 않게
행동을
제한한다

초등학생 때 콘센트를 꽂는 순간 펑! 하는 큰 소리와 함께 작은 폭발이 일어나 놀란 적이 있습니다. 내부 합선이 원인이었다고 하는데 이를 계기로 저는 전기는 무서운 거라는 사실을 알게 되었고 이후 신중하게 다루게 됐습니다. 뜨거운 물을 만지고 "앗 뜨거!" 하고 깜짝 놀라면 그 후에는 '뜨거운' 모든 물건에 조심스러워지는 것과 마찬가지입니다.

활발한 남자아이는 대부분 "위험해!" 하고 저지당하면 오히려 더 하고 싶어 하는 심리가 있습니다. 여자아이가 '그렇게 하면 위험한 게 당연해' 하고 상황을 이해하는 것과는 대조적이죠. 남자아이는 좀처럼 이치를 이해하지 못하고 위험한 순간을 경험해보고 나서야 비로소 상황을 알아차리곤 합니다.

저는 어릴 때 밖에서 놀다가 무릎이 까지거나 상처가 나서 돌아오는 일이 많았습니다. 그럴 때 어머니는 결코 야단치는 법이 없었습니다. 이렇게 수없이 상처가 나는 경험을 한 덕분에 어린이인데도 스스로 '다음엔 이런 걸 조심하자', '이런 일은 위험하구나', 또는 '여기까지는 괜찮지만 더 이상은 안 돼' 하는 식으로 판단할 줄 알게 되었죠. 친구와 놀 때도 주변의 안전에 주의를 기울이게 되었고 상처를 입을 경우, 어떻게 대응해야 하는지도 익혔습니다.

반대로 부모가 "이건 위험해!", "이건 안 돼" 하고 일일이 필요 이상으로 제한하면 상처나 위험을 체험할 기회가 적어집니다. 그러면 머릿속으로는 이해한 듯해도 '정말로 위험하다는 게 어떤 건지' 몰라 위험한 존재를 깨닫지 못하는 거죠. 그 결과 심각한 상처나 사고로 이어지는 경우도 무수히 많습니다.

반드시 큰 위험에 주의하면서 작은 상처를 허용할 줄도 알아야 합니다. 조금 극단적으로 들릴지도 모르지만, 그렇게 해야 큰 상처나 사고를 방지하는 '위기관리능력'을 몸에 익힐 수 있습니다.

작은 상처는 큰 사고를 방지하는
소중한 경험이라고 생각한다.

뭐든지 "위험해!" 하며 말리고
작은 상처도 경험하지 않도록 한다.

42

▲

아이를
성장시키는
부모는

다양한
스포츠로
운동 능력을
키워주고

▼

아이를
망치는
부모는

운동 능력은
유전으로
결정된다고
믿는다

아이의 신체 능력을 길러주려
면 어떻게 해야 하는가에 대해 질문을 많이 받습니다. 또한 부모 자
신이 운동을 못하니 아이도 분명 운동 신경이 없는 게 아닐까 하며
상담하러 오는 부모도 있습니다. 운동 능력이 반드시 유전인 것은
아닙니다. 확실히 체격 같은 경우 유전의 영향을 받습니다만 신체
를 움직이는 일은 뇌의 지령으로 이루어집니다. 뇌에서 신체로 보
낸 지령은 신체를 움직이는 경험, 즉 학습에 의해 좌우되기 때문에
설령 부모가 스포츠에 만능이라도 아이는 운동치인 경우가 얼마든
지 있습니다. 결국 운동 능력의 우열은 어렸을 때 운동한 경험이 많
은가 적은가에 따라 크게 좌우됩니다.

　운동 능력뿐만이 아닙니다. 초등학생 시절은 능력과 기능을 차
츰 몸에 익힐 수 있는 황금기라고 할 수 있습니다. 운동 능력이든 학
습 능력이든 경험을 많이 할수록 쑥쑥 성장하거든요. 최근에는 주
변에 레저로서 부담 없이 할 수 있는 스포츠가 늘고 있습니다. 한 가
지 예로, 애슬레틱 짐(야외에서 통나무 다리를 건너거나 줄타기 등 다양한
스포츠 훈련을 하는 시설 - 옮긴이 주)도 남자아이의 모험심을 자극하기
에 딱 좋습니다. 다양한 스포츠에 접할 기회를 만들어 체험하게 하
면 아이가 주로 하고 있는 스포츠의 실력 향상에도 도움을 줄 수 있
습니다. 그러므로 가령 아빠나 엄마가 운동에는 통 소질이 없다 해

도 환경에 따라 아이의 기초 체력과 운동 능력을 얼마든지 높일 수 있습니다. 또한 문무겸비文武兼備라는 말이 있듯, 스포츠에 뛰어난 아이는 운동으로 기른 집중력을 학습에서도 발휘해 성적이 오를 수 있습니다. 어떤 스포츠를 시키면 좋을지 고민이 될 때는 부모의 취미에 맞춰도 좋을 것입니다. 어떤 운동이든 아이가 흥미를 느끼고 좋아하도록 이끌어주는 것이 무엇보다 중요합니다. 그러면 아이의 의욕도 한층 더 커질 것입니다.

부모가 운동치라도 아이의 운동 능력은
환경에 따라 길러줄 수 있다.

부모가 스포츠에 만능이라도 아이가 스포츠를 경험할
기회를 마련해주지 않으면 운동 능력을 기를 수 없다.

〈43〉

▲
아이를
성장시키는
부모는

아이의
교우 관계를
자연스레
파악하고

▼
아이를
망치는
부모는

아이가
누구와
노는지도
모른다

아이가 친구와 친해지면 집에
도 데려오게 됩니다. 이때 여러분은 어떻게 대응하고 있나요. 집 안
이 정리되어 있지 않아서, 또는 어지럽혀지는 게 싫어서 "우리 집
에는 데려오지 마", "○○는 데리고 오면 안 돼" 하고 말하지는 않습
니까?

친구가 집에 올 때는 평소의 아이 모습을 알 수 있는 기회입니
다. 또한 친구를 반갑게 맞아주고 챙겨주는 부모를 아이는 존경하
기 마련이지요. 분명히 환영할 일입니다.

저는 어릴 때 주로 밖에서 놀았는데 종종 친구 집에 가기도 하
고 우리 집에 친구를 데리고 오기도 했습니다. 그때마다 어머니는
언제나 제 친구를 "어서 와!" 하며 반가이 맞아주었습니다. 간식을
가져다주시며 "네 이름은 뭐니?", "집은 어디야?", "학교에서는 뭐하
고 노니?" 하고 여러 질문을 던지며 자연스럽게 이야기를 나누셨
죠. 이것이 중요합니다. 친구의 이름은 물론이고 그 아이가 어떤 아
이인지, 평소 어디 가서 무얼 하는지 등을 자연스럽게 알 수 있기 때
문입니다. 그래서 저는 평소에도 어머니와 친구에 관한 이야기를
자주 하곤 했습니다. 때로는 집에 데리고 와서 놀던 친구가 잘못을
저지르기도 하고 장난도 칩니다. 그럴 때 중요한 것은 아이의 친구
도 자신의 아이처럼 확실히 꾸짖어야 한다는 사실입니다. 무서운

아줌마, 아저씨가 되어도 괜찮습니다.

"너희 부모님은 너무 어려워" 하는 말에는 존경과 동경의 마음이 들어 있으니까요.

부담스럽게 생각할 필요도 없습니다. 우선은 아이의 친구가 집에 놀러 오면 웃는 얼굴로 기쁘게 맞아주고 말로도 전해주세요.

집에 아이의 친구가 오면 반갑게 맞아준다.

집에 아이의 친구가 오는 것을 싫어한다.

44

▲
아이를
성장시키는
부모는

TV 시청도
교육의 기회라고
생각하고

▼
아이를
망치는
부모는

TV를
아이 혼자서
계속 보게 둔다

남자아이는 대체로 영웅물이나 모험물, 그리고 전쟁 장면이 나오는 프로그램을 좋아합니다. 주인공들을 흉내 내면서 뛰어다니는 모습을 보면 '아휴, 남자애들은 왜 이렇게 정신 사납게 구는지 몰라!' 하는 생각이 들지도 모릅니다. TV에서 본 영웅의 동작을 모방하는 행동은 어쩌면 남자아이에게 자연스러운 현상이자 어쩔 수 없는 일입니다.

아이들은 아직 현실과 허구 세계를 잘 구별하지 못합니다. 그래서 TV가 미치는 영향은 어른이 생각하는 것 이상으로 크다고 봐야 합니다. 그렇다면 TV를 어떻게 활용하면 좋을까요.

핵심을 소개하자면, 될 수 있는 한 지적 호기심이나 교양을 높여주는 프로그램을 선택해서 아이와 함께 보는 것입니다. 또한 영웅물을 볼 때는 싸움 장면에 주목하기보다는 등장인물들의 정의심과 배려, 자상한 성격 같은 '마음'에 관해 이야기를 나누는 것이 좋습니다. 외모나 복장을 흉내 내기도 하겠지만 마음의 일면을 따라할 수도 있기 때문입니다. 또한 그런 경우 "엄마는 이런 점이 좋다고 생각해. 이런 건 싫은걸" 하는 식의 대화를 나누세요. 커뮤니케이션 능력을 키우고 부모의 가치관을 알려줄 수 있는 아주 좋은 기회가 될 것입니다.

예전에 지도했던 아이들 중에 좀처럼 눈도 맞추지 않고 대화에도 응하지 않으며 알아듣기 어려울 정도의 빠른 말투로 마치 새들이 지저귀듯이 말하던 남자아이가 있었습니다. 아이의 어머니 말에 의하면 어릴 때부터 초등학생이 되어서까지 거의 말을 걸지 않았고 줄곧 혼자서 TV를 보게 했다고 합니다. 기본적으로 TV 시청은 일방통행이나 마찬가지여서 커뮤니케이션이 발생하지 않습니다. 그러므로 혼자서 오랜 시간 TV를 보는 상황은 충분히 주의할 필요가 있습니다. 다시 한번 말하지만, TV 시청은 가능한 한 부모가 함께 하면서 대화를 나누는 기회로 활용하세요.

될 수 있는 한 교양을 높일 수 있는
프로그램을 선택하고 그에 관련해 대화도 나눈다.

아이 혼자 제한 없이 보게 내버려두고
어떤 프로그램을 보는지조차 신경 쓰지 않는다.

45

▲
아이를
성장시키는
부모는

놀이 속에서
승부욕을
가르치고

▼
아이를
망치는
부모는

포기하는
습관을
심어준다

많은 부모들은 아이가 의젓하게 자라고 어려운 일이 있어도 강인하게 맞설 수 있는 어른이 되길 바랄 것입니다.

제가 아버지와 하던 놀이 중 특히 기억에 남는 것은, 저를 붙잡고 있는 '아버지에게서 탈출하기'입니다. 거의 매번 제 몸은 아버지의 다리에 옥죄어 꼼짝도 할 수 없는 상태가 되었고 거기서 어떻게든 벗어나려고 버둥대며 안간힘을 쓰느라 스킨십이 많을 수밖에 없는 놀이였죠. 아이가 어른인 아버지를 이길 수 없는 건 당연했지만 그래도 도망치려고 최선을 다했어요. 그러면 아버지는 힘을 조절하면서 아슬아슬할 때까지 저를 붙잡고 있다가 결국 막판에 탈출시켜 주곤 하는데, 아이가 눈치챌 정도로 갑자기 힘을 빼지는 않았습니다. 아슬아슬할 때까지 붙잡고 있다가 가까스로 빠져나가게 하는 게 핵심입니다. 이때 아이가 '끝까지 포기하지 않고 계속하는 힘'을 기를 수 있기 때문이죠.

제가 "더는 못하겠어!"라든지 "못해요" 하고 약한 소리를 하거나 포기하려는 기색을 보이면 아버지는 "내가 질까 보냐 하고 끝까지 해야지!" 하셨습니다. 저는 그 목소리를 들으면서 어떻게든 탈출할 때까지 힘을 내곤 했지요. 아버지에게 "끝까지 노력했으니까 성공한 거야" 하고 칭찬을 받으면서 어느 사이엔가 '내가 질까 보냐!'가

제 입버릇이 되었습니다.

남자아이가 지닌 투지와 도전 의식은 그 자체가 에너지가 됩니다. 그런데 부모가 도중에 드러내놓고 심드렁하게 상대해주거나 힘을 조절하며 봐주지 않고 그저 "항복해!" 한다면 처음부터 어차피 이길 수 없다고 상심해 도전할 기분이 나지 않을뿐더러 금세 포기하고 마는 습관이 들 것입니다. 저 역시 이 나이가 되어서도 무언가 큰일이 생겼을 때는 '내가 질까 보냐!', '조금만 더 힘내자' 하는 제 내면의 목소리가 저 자신을 응원하고 격려해주곤 합니다. 이는 어릴 때 아버지와 하던 놀이 속에서 기른 '승부욕' 덕분입니다.

여러분도 반드시 자녀에게 승부욕을 길러줄 수 있는 놀이를 궁리해서 함께 해보세요.

놀이 속에서 기른 '승부욕'의 심리는
마음에 영양분이 된다.

아이의 도전 의욕을 잃게 하는 놀이법은
오히려 '포기하는 습관'을 길러줄 뿐이다.

▲

아이를
성장시키는
부모는

놀이 속에서
친구와의 협력을
가르치고

▼

아이를
망치는
부모는

남 탓으로
돌리게
한다

사회인이 되면 가령 개인으로 일을 하고 있더라도 팀워크가 중요하다는 사실은 두말할 필요도 없습니다. 동료와 서로 협력해서 연대감을 갖는 일은 어릴 때 기를 수 있는 중요한 요소 중 하나입니다. 그러므로 반드시 놀이를 통해 친구와 협력하는 일의 중요성과 기쁨을 가르쳐주세요.

저는 어릴 때 친척 아이들과 모이면 '무 뽑기 놀이'를 많이 했습니다. 이 놀이는 아이들이 '무'가 되어 머리를 맞대듯이 하고 바닥에 누워서 스카이다이빙 대형으로 옆 사람과 팔짱을 낍니다. 그러면 체력이 좋거나 덩치 큰 아이가 술래가 돼 "자, 무를 뽑읍시다!" 외치고 아이들의 다리를 잡아 한 사람씩 잡아당겨 빼내는 놀이입니다. 당연히 술래의 목적은 무 역할로 엎드려 있는 아이들을 전부 빼내는 것이죠. 엎드려 있던 아이들은 다른 아이에게 끌려 대열에서 떨어져 나오면 아웃입니다. 아이들은 끌려 나가지 않으려고 필사적으로 옆의 아이들과 꼭 붙잡고 있고 술래는 아이들을 차례로 잡아당기거나 흔들어서 모두 끌어냅니다. 아이들은 끌려 나가지 않으려고 필사적입니다. 그리고 끌려 나간 아이는 자연히 "힘내!", "조금만 더 버텨!" 하며 남아 있는 아이들을 응원하게 되죠. 또한 아직 엎드려 있는 아이들은 다른 아이가 끌려갈 것 같으면 일치단결하여 단단히 붙잡아주려고 더욱 안간힘을 씁니다. 그런 과정에서 자연히 연대감이 높아지고 친구들 사이의 협력을 배우게 되는 것이죠.

이때 주의해야 할 점이 하나 있습니다. "○○가 꽉 붙잡지 못해서 그래" 하고 말하는 것입니다. 그러면 "맞아. ○○가 잘못해서 내가 끌려간 거야" 하면서 끌려간 이유를 남의 탓으로 돌려 자칫 책임을 전가하지 않도록 조심해야 합니다. 여러분도 반드시 이렇게 동료나 친구들 사이의 협력을 배울 수 있는 놀이를 골라 아이들과 함께 놀아주세요.

놀이 속에서 기른 '승부욕'의 심리는
마음에 영양분이 된다.

아이의 도전 의욕을 잃게 하는 놀이법은
오히려 '포기하는 습관'을 길러줄 뿐이다.

47

▲

아이를
성장시키는
부모는

집에서도
놀이를
적극 활용하고

▼

아이를
망치는
부모는

시끄럽다고
집에서의 놀이를
제한한다

　　　　　　　　　　　　　"술래야! 여기, 여기! 손뼉 치는
소리 들리지?" 까막잡기를 해보셨나요? 술래가 눈을 가리고 다른
사람을 잡는 이 놀이처럼 평소에 사용하는 감각을 제한함으로써
흥을 돋우는 놀이는 많습니다. 실내에서도 이런 놀이를 할 수 있습
니다.

　이번에는 제가 어릴 때 고안해낸 '실내 까막잡기'를 소개하려고
합니다. 술래에게 잡힌 사람이 다음 술래가 된다는 규칙은 같습니
다. 놀이 장소는 실내에 있는 열 평 남짓한 방 하나면 딱 좋습니다.
실제로 술래를 해보면 알 수 있는데, 실내가 좁다 보니 도망칠 공간
이 거의 없습니다. 게다가 눈을 가리고 있으면 조그만 소리나 공기
의 움직임 등 도망치는 아이의 기척을 쉽게 느낄 수 있죠. 그래서 이
놀이는 눈 이외의 감각을 기르는 데 무척 도움이 됩니다. 도망치는
아이도 자신이 붙잡히지 않으려면 더욱 신중하게 방 안에서 이동
해야 하며 그러기 위해서는 자신의 몸을 움직이는 데 주의를 기울
일 필요가 있습니다. 즉, 이 놀이는 능력 향상 트레이닝인 셈이지요.

　이외에도 저는 방 안에 놓인 장애물을 기억해두었다가 눈을 가
리고 빠져나가는 놀이도 많이 했습니다. 이 놀이는 이미지 능력과
기억력 향상에 도움이 됩니다. 또한 상대의 등에 손가락으로 글씨
를 쓰고 그 글씨를 알아맞히는 게임도 자주 했습니다. 이 게임은 신

체의 위치 감각을 길러줍니다.

테이블 끝에 동전을 놓고 손가락으로 튕겨서 반대쪽 끝으로 최대한 가까이 보내거나 상대방의 동전을 맞혀 떨어뜨리면 이기는 동전 알까기 놀이도 분위기를 한껏 띄울 수 있습니다. 이 게임에서 테이블 표면의 미끄러운 상태를 살펴보면서 동전을 튕길 때의 강도를 조절하는 손가락의 감각과 목표점을 노리는 집중력이 길러집니다.

집 안에서 떠드는 것을 금지하거나 탐탁지 않게 여기는 부모도 많을지 모릅니다. 그러나 이러한 가정환경에서는 아이들이 쭉쭉 성장하지 못합니다. 도가 지나칠 정도로 시끄럽게 구는 건 문제지만 조용하면서도 재미에 흠뻑 빠질 수 있는 놀이도 있습니다. 이제는 부모의 지혜를 보여줄 때입니다.

실내 놀이도 궁리하기에 따라서는
얼마든지 아이의 능력을 향상시킬 수 있다.

시끄럽다고 집 안에서 놀지 못하게 해
아이를 위축시킨다.

48

▲

아이를
성장시키는
부모는

장난감을
너무 많이
주지 않고

▼

아이를
망치는
부모는

장난감을
많이
사준다

여러분의 집에는 아이의 장난감이 얼마나 있습니까?

장난감을 사주면 그때는 아이가 굉장히 기뻐하지요. 하지만 며칠만 지나면 아무 데나 굴러다니고 있지 않나요? 특히 대부분의 남자아이들은 정리할 줄 몰라서 어질러놓은 채로 노는 모습을 자주 볼 수 있습니다.

솔직히 장난감을 너무 많이 사주는 건 바람직하지 않습니다. 아이는 금세 다른 장난감으로 관심이 쏠리고 쉽게 싫증을 내거든요. 싫증을 낸다는 것은 집중력이 없다는 뜻입니다. 장난감이 너무 많으면 아이는 집중력을 잃게 되고 물건을 소중히 여기지 않게 됩니다.

만약 장난감이 많다면 꼭 필요한 것만 추려 최소한으로 줄이고, 나머지 물건은 눈에 띄지 않는 곳에 보관하거나 처분하는 게 좋습니다.

아이는 여러 놀이를 생각해내는 데 천재입니다. 어른이 "이런 걸 하고 놀면 어떠니?" 하고 조언할 필요도 없을 정도죠.

또한 이미지에 몰두하기 쉬운 것도 남자아이의 특징입니다. 제 아들은 크레용이 있으면 그것만 갖고도 오랫동안 놉니다. 그림을 그리는 게 아니라 잔뜩 늘어놓거나 대화를 하면서 마치 인형처럼 다루는 것이지만요.

가만히 지켜보니 각각의 크레용에 이름을 붙이고 역할을 주면서 긴 스토리를 만들어 놓고 있었습니다. 그대로 두었죠. 족히 한 시간 정도 놀았던 것 같습니다. 또한 나무 블록이나 지우개, 연필 등 주변에 있는 물건을 뭐든지 사용해서 같은 식으로 놀곤 합니다.

아이의 발상력이나 기억력, 창조성, 그리고 한 가지에 몰두하는 집중력은 놀라울 정도입니다. 여러분도 꼭 이렇게 놀이에 대한 아이의 천재성을 끌어내주세요. 그러기 위해서는 될 수 있는 한 장난감을 줄이는 것이 좋습니다. 그러면 아이는 한 가지 장난감을 갖고도 다양한 방법으로 놀이를 구상합니다. 또한 장난감 뒷정리도 게임처럼 하면 점점 잘하게 됩니다. 뭐든지 '놀이'로 할 수 있다고 생각하고 발상을 넓혀보세요.

단순하면서도 창조성과 발상력을 기를 수 있는
장난감을 사준다.

아이가 좋아하는 장난감이라면 잔뜩 사준다.

49

▲
아이를
성장시키는
부모는

놀이를 통해
학습 의욕을
키우고

▼
아이를
망치는
부모는

공부가 놀이보다
중요하다고
생각한다

아이에게 놀이는 꼭 필요합니다. 아이에게 놀이란 무엇일까요? 아이들은 수많은 놀이를 통해 사물의 구조를 이해하고 세상에 대한 흥미, 자연에 대한 호기심, 살아가는 일의 기쁨과 의욕, 사회성과 주체성을 기르게 됩니다. 또한 놀이를 많이 하는 아이는 놀이 경험을 통해 배움에 대한 의욕과 공부의 필요성을 느끼게 됩니다.

이를테면 탈 것에 흥미가 있는 아이는 그 형태만이 아니라 움직이는 구조와 이치를 이해하고 스스로 더 알아보게 되죠. 또한 곤충을 좋아하는 아이라면 싫증도 내지 않고 곤충을 잡아 도감과 비교해볼 것입니다.

이렇게 좋아하기에 더욱 알고 싶다는 욕구가 저절로 생겨나 스스로 배우고자 하는 의욕으로 이어지는 것이죠. "공부해"라는 말을 듣고 하는 공부는 학습 방법이나 몰입도가 크게 다를 수밖에 없습니다. 그런데 "놀 시간 있으면 공부를 해!" 하고 놀이를 멀리하게 하면 스스로 학습할 의욕과 탐구심까지 사라져버리기 십상이죠. 놀이에는 집중력과 배려심, 끈기, 호기심 같은 지능을 키워주는 요소가 가득 담겨 있습니다. 그러므로 원하는 대로 놀 수 있는 시간을 꼭 마련해주세요.

또한 남자아이에게는 스포츠도 일종의 놀이입니다. 요즘 아이들은 "아, 피곤해!" 하는 말을 자주 합니다. 예전보다 체력이 떨어진 아이가 증가하고 있다는 통계도 있고 체력이 있는 아이와 없는 아이의 양극화 현상도 나타나고 있다고 합니다. 그런 의미에서도 놀이와 체력 증진을 동시에 할 수 있는 스포츠는 남자아이에게 매우 권할 만한 취미입니다. 좋아하는 스포츠를 찾아내 자주 하도록 해주세요.

다양한 놀이를 통해 학습 능력을 기른다.

놀이는 도움이 되지 않는다고 생각하고
학습 능력을 향상시킬 기회를 잃는다.

7.

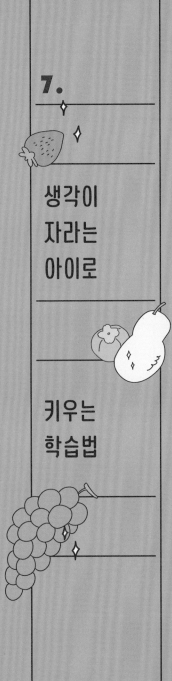

생각이
자라는
아이로

키우는
학습법

△
아이를
성장시키는
부모는

종이책을
읽고

▽
아이를
망치는
부모는

전자책만
읽는다

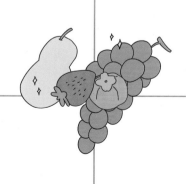

전자책도 일반적인 시대가 되었습니다. 종이책과 달리 태블릿으로 데이터를 다운로드하면 대량의 책도 갖고 다닐 수 있어 확실히 편리합니다. 전자책으로는 영상과 음성까지도 즐길 수 있어 종이책에는 없는 장점이 많은 게 사실입니다. 하지만 아이에게도 좋을까 하는 측면에서 생각해보면 그렇지 않은 면이 있습니다.

2012년에 발표된 종이책과 전자책의 비교 실험에서 가독성, 이해도, 눈과 신체의 피로감을 비교했을 때 종이책이 더 뛰어나다는 결과가 나왔습니다. 이 결과로 본다면 성장과정에 있는 아이에게는 역시 종이책을 권합니다. 확실히 종이책은 무언가를 조사할 때는 전자책만큼 효율적이지 않습니다. 그래도 원하는 내용이 있는 부분을 책장을 넘겨 가며 찾기까지 들어오는 정보량이나 학습 효과는 종이책이 더 뛰어나다는 걸 실감합니다.

아이는 평소 생활에서 부모가 하고 있는 일에 관심을 갖기 마련입니다. 그런데 스마트폰이나 태블릿으로 독서하는 모습을 보면 아무래도 게임에 열중해 있거나 오락 영상을 보고 있는 듯한 인상을 주므로 교육적인 면에서 그다지 효과적이라고는 볼 수 없겠죠.

또한 아이에게 책은 '읽기'만 하는 대상이 아닙니다. 종이책을 펼쳐 들 때의 향기, 책장을 넘기는 감촉과 소리, 책의 분량이나 크기,

무게, 장정의 차이 등 종이책만이 갖고 있는 '오감을 자극하는 요소'가 무척 많습니다. 오감을 자극함으로써 복합적으로 뇌로 가는 정보량이 많아지고 그 상호작용에 의해 두뇌에 남게 되는 것이죠. 그러므로 두뇌를 활성화하려면 촉각이나 후각, 시각 등의 감각을 복합적으로 활용하는 것이 좋습니다.

또한 관심 있는 장르만이 아니라 다양한 종이책이 늘어서 있는 책장을 언제라도 손이 닿는 곳에 배치해 무의식중에 아이가 많이 접하게 하고 "너는 책을 참 좋아하는구나" 하고 얘기해주세요. 책을 가까이하는 습관과 환경이 어느 사이엔가 책을 좋아하는 아이로 키워줍니다.

다양한 장르의 책이 꽂혀 있는 책장을 마련한다.

전자책 쪽이 편리하고 효율적이라고 생각한다.

△
아이를
성장시키는
부모는

일상에서
아이의 기초 능력을
키우고

▽
아이를
망치는
부모는

학원을 통해서만
능력을
키우려 한다

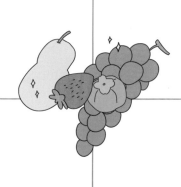

부모들이 "뭔가 배우게 하는 게 좋을까요?" 하는 질문을 자주 합니다. 아이의 기초 능력을 기르기 위해서라면 특별히 학원에 보내지 않아도 괜찮습니다. 경험을 통해 쉽게 사물을 습득하는 남자아이의 능력을 키우는 데는 일상생활이나 외출이야말로 좋은 기회니까요. 예를 들어, 마트에 가면 식품 코너나 과자 코너 등 아이가 좋아하는 물건 진열대가 어디에 있는지 아이에게 직접 안내하도록 해보세요. 그 위치를 말로 설명하게 해도 좋습니다.

장보기가 끝나면 과일 코너에는 무엇이 놓여 있었는지를 떠올리게 한다거나 마트까지 가는 길을 설명해보게 합니다. 또한 방금 구입한 물품의 개수나 금액, 잔돈 계산 등 다양한 화제를 꺼내 질문과 대화를 나누어도 좋겠죠.

저도 초등학생 때 자주 했습니다만, 상점이나 아는 장소까지 간단한 안내 지도를 그려보는 것도 '머릿속에 있는 3차원'을 평면의 '2차원'으로 변환하는 능력과, 이미지 능력을 기르는 데 도움이 될 수 있습니다. 수학자 아키야마 진秋山仁 교수는 이과계 대학에 진학하는 조건 가운데 하나로 '레시피를 보면서 해도 괜찮으니 카레라이스를 만들 수 있어야 한다'고 말합니다. 이는 순서를 정리하면서 실행하고, 나아가 관찰 능력이 있어야 가능하기 때문입니다.

남자아이는 이미지를 사용해 전체적으로 사물을 파악하는 데 능숙합니다. 이런 기초적인 두뇌 회로는 열 살 무렵까지 거의 완성되지요. 일상생활이나 외출 중에 경험한 일을 화제로 삼아 이야기를 나누거나 그림이나 지도로 그려서 의식적으로 떠올리는 작업은 두뇌 회로를 형성하는 데 매우 효과가 큽니다.

아이가 기억을 떠올려 표현하는 데는 그 물건들이 무엇인지, 지식과 언어도 물론 필요합니다. 그러기 위해서는 외출 중에 "이건 ○○야" 하고 물건과 이름, 그리고 역할을 연결해서 알려주는 등 많은 대화를 나누는 것이 좋습니다.

일상생활 속에서
기초 능력을 키울 수 있도록 항상 연구한다.

일상생활에 주의를 기울이지 않고
학원이나 특기 수업에 보내는 것만 중요하게 여긴다.

△

52

아이를
성장시키는
부모는

잘할 수 있는
두뇌 상태로
이끌고

▽

아이를
망치는
부모는

두뇌 상태와
상관없이
새로운 것을 시킨다

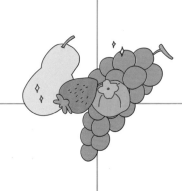

무언가 연습을 하고 숙달되려면 한 발 한 발 조금씩 실력을 향상시켜 나가야 합니다. 한 가지를 할 수 있게 되면 다음 단계로 나아가는 게 기본이죠. 하지만 실제 가정의 모습을 들여다보면 이런 기본이 되어 있지 않은 경우가 매우 많아 보입니다.

무언가를 할 수 있게 되었을 때 아이는 '잘할 수 있는 두뇌 상태'가 됩니다. 본래는 이 '잘할 수 있는 두뇌 상태'를 유지하고 기억하게 하는 것이 상당히 중요합니다.

피아노를 배워 능숙해져서 '잘 치게 되었다'고 합시다. 그런데 집에 돌아가서는 갑자기 새로운 곡을 연습하기 시작하는 경우가 많습니다. 처음 치는 곡이니 당연히 능숙할 리가 없지만 그때 옆에서 "왜 그렇게 못 쳐?", "아직도 서툴구나"라고 함부로 말해버리는 부모가 있죠. 그러면 아이는 다시 '잘할 수 없는 두뇌 상태'로 되돌아갑니다.

같은 내용을 가르쳐도 두뇌 상태가 '잘할 수 있는 상태'인지 '잘할 수 없는 상태'인지에 따라 배움의 결과가 크게 달라지기 마련입니다. 한 단계 올라갔다고 해서 갑자기 새로운 것을 시작할 게 아니라 가볍게 복습할 요량으로, 할 수 있는 것을 계속하고 이제 확실히 할 수 있다는 자신감과 잘할 수 있는 두뇌 상태가 되었을 때 새로운 것을 배우게 해주세요. 그렇게 하는 게 습득 속도도 빨라집니다.

아이가 학습 영역에 들어가 있을 때, 즉 아이의 능력과 난이도가 적당하게 균형을 이루고 있을 때는 실수나 잘못을 해도 스스로 '더 노력해야지!' 하는 마음이 생깁니다.

뇌신경외과의 하야시 나리유키林成之 교수는 잘하는 것을 반복함으로써 뇌의 성공 체험을 확실히 늘려주면 두뇌 회로가 발달하고 적극성을 기를 수 있다고 강조했습니다.

남자아이에게 무언가 새로운 것을 가르칠 때는 자신감 있는 상태로 만드는 데 주력하는 게 좋습니다. 우선은 간단히 할 수 있는 일을 스스로 달성하게 함으로써 성공을 체험하게 해서 '나는 할 수 있어!' 하는 두뇌 상태를 만들어준 후 다음 단계로 나아가는 것이 중요합니다.

"너는 할 수 있어."

"왜 이렇게 못 치니?" 아이를 질책한다.

△
아이를
성장시키는
부모는

조금 노력하면
할 수 있는
과제를 주고

▽
아이를
망치는
부모는

갑자기
어려운 과제를
준다

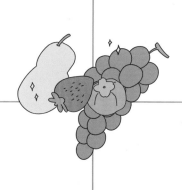

스마트폰 등의 게임에 빠지는 아이도 많습니다. 게임은 재미있으니 빠지는 게 당연합니다. 그렇다면 왜 재미있을까요? 여기에 게임의 요소를 학습에 응용할 수 있는 방법이 있습니다. 게임에는 '더 하고 싶다'는 욕구를 부추기는 요소가 많습니다. 우선 간단히 클리어 할 수 있는 단계를 제공해 심리적인 벽을 낮춥니다. 다음 단계는 조금 더 어려워서 지금까지 훈련한 스킬로 조금만 더 노력하면 클리어 할 수 있습니다. 이때 약간의 성취감과 조금 기쁜 마음이 생깁니다. 그 후 같은 단계가 계속되면 쉽게 클리어 할 수 있죠. 그리고 이후부터는 클리어 하는 데 익숙해질수록 점차 기쁜 마음이 저하됩니다. 즉, 자극이 부족해지는 거죠.

그래서 다음 단계에서는 지금까지보다 약간 더 어려워집니다. 이 단계도 클리어 하면 다시 또 성취감과 기쁨이 밀려옵니다. 이렇게 해서 서서히 난이도를 높여가는 것이지요. 계속 하고 싶어지게 하려면 어떻게 해야 좋을지 많은 분이 고민하고 있을 겁니다.

부모들이 빠지기 쉬운 함정은, 자신의 기대와 이상을 기준 삼아 처음부터 갑자기 단계를 너무 높인다는 데 있습니다. 아이의 현재 실력 수준과 너무 동떨어지면 아이의 의욕이 지속될 수 없으니까요. 아이가 공부나 다른 특기 분야에 빠지도록 키우려면 게임과 같이 아이의 상황에 맞춰서 지금 수준보다 약간 더 어려운 과제를 주는 것이 핵심입니다. 그러고 나서 서서히 수준을 올려가는 거죠. 이런 과정으로 작은 성취감과 기쁨을 많이 느끼게 하는 것이 학습 의욕을 끌어올리는 비결입니다. 게임에 빠지는 심리 구조를 학습 영역에 적용할 수 있으니 공부나 특기 분야에 활용해보세요.

조금만 노력하면 할 수 있는 일을 시킨다.

갑자기 어려운 수준의 과제에 도전시킨다.

△
아이를
성장시키는
부모는

무얼 가르칠지를
부모가
결정하고

▽
아이를
망치는
부모는

아이가
결정하게
한다

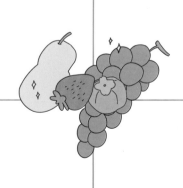

아이가 무언가를 배우려고 할 때 음악학원이나 스포츠 교실 등에 함께 견학 가서 "이거 해볼래?" 하고 물으면 아이가 "응, 하고 싶어" 하지 않나요? 아이들은 대부분 새로운 것을 좋아해서 일단 '해보고 싶다'고 대답합니다.

하지만 견학하러 데리고 갔다는 건 사실 부모가 시키고 싶었기 때문이겠죠. 그런데 나중에 아이가 하기 싫다고 하면 "네가 하고 싶다고 해서 시작한 거잖아!" 하면서 아이에게 책임을 돌리는 부모가 있습니다. 뭐든 자신에게 잘 맞는 것이 있는가 하면 맞지 않는 것도 있기 때문에 어떤 과목이나 분야가 아이에게 잘 맞는지 아닌지는 실제로 해보기 전에는 알 수 없습니다. 그래서 아이의 장래에 도움이 될 거라는 생각에 부모가 결정한 것이니 나중에 적성에 맞지 않다는 걸 알게 돼도 아이에게는 책임이 없습니다. 그때는 다시 아이에게 잘 맞는 것을 찾아서 도전하게 하면 됩니다.

그러므로 무엇을 배울지는 무조건 아이의 자주적인 선택에 맡겨 결정하지 말고 부모로서 책임감을 가지고 결정하세요. 그렇게 해야 냉정하게 아이의 적성을 판단해 아이에게 맞는 과목이나 특기를 찾아낼 수 있습니다.

최근에는 대부분의 가정에서 아이에게 무언가를 배우게 합니다. 아이들이 가장 많이 배우는 종목을 살펴보면 수영, 영어회화, 음

악 순으로 인기가 있다고 합니다.

그 밖에도 다양한 배울 거리가 있으므로 어떤 것을 배우도록 해야 좋을지 고민하는 부모도 많을 것입니다. 이 경우는 친구들이 많이 배운다는 이유로 내 아이에게도 시킬 게 아니라, 이것을 통해 아이가 무엇을 배울 수 있을지, 어떤 것이 아이의 적성에 맞을지를 신중히 생각해야 합니다. 부모가 무엇을 시켜야 할지 고민이 될 때는 문화 계열이나 운동 계열이라는 키워드를 중심으로 선택지를 좁혀 나가는 방법도 좋습니다. 또한 부모가 예전부터 좋아하거나 잘하는 것은 아이도 익숙해지기 쉽고 좋아하는 경향이 있으므로 이를 참고로 결정하는 것도 한 가지 방법입니다.

우선 부모가 시키고 싶은 것을 해보게 하고
적성에 맞지 않으면 변경한다.

아이가 해보고 싶었던 것이 맞지 않으면
아이의 탓으로 한다.

△

55

아이를
성장시키는
부모는

조금이라도
향상된 점을 찾아
칭찬하고

▽

아이를
망치는
부모는

아이가
잘하지 못한 점만
지적한다

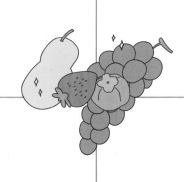

공부하다가 아이가 문제를 잘 못 풀기라도 하면 "이런 쉬운 문제도 못 풀어?", "왜 같은 걸 또 틀리지?", "대체 왜 이렇게 기억력이 나빠?", "어째서 몇 번이나 말해도 못 알아듣니?" 하고 야단치지 않으시나요?

아이가 잘하는 부분이 있고 더 발전한 면도 있을 텐데 그런 점은 칭찬하지 않고 잘못한 점만 꼬집어 지적하고 현재의 능력을 부정하고 있는 겁니다. 이런 식으로 아이를 다그치면 아이의 의욕을 꺾을 뿐만 아니라 셀프 이미지를 떨어뜨려 아이의 성장 잠재력을 빼앗을 가능성마저 짙어집니다. 아이가 공부하는 모습을 지켜보면서 만약 틀린 경우는 '아직 습득까지의 경험이 부족하구나' 하고 냉정하게 판단해야 합니다.

그러면 어떻게 학습 의욕을 끌어올릴 수 있을까요? 중요한 것은 말을 어떻게 표현하느냐입니다. 틀린 답이 몇 군데 있더라도 "지금 너는 여기까지 할 수 있는 거란다", "이걸 할 줄 아는구나", "아까워라!", "점점 더 잘하게 될 거야" 하고 말해주세요. 이러한 표현은 '못한 것은 과거의 상태이고 지금은 더 성장했어' 하는 메시지입니다. 더불어 시점을 미래로 가져감으로써 앞으로는 더욱 잘하는 상태로 바뀌어 갈 거라는 긍정적인 메시지를 전해주는 겁니다.

그러면 다음에 제시하는 문장을 소리 내어 말해보고 어떻게

다른지 인상의 차이를 느껴보세요. '지금의 나는 이걸 할 수 있다'
와 '예전의 나는 이걸 할 수 있었다', 그리고 '너는 그걸 할 수 있어'와 '
너는 그걸 할 수 있었어'를 비교해봅시다. 두 가지 모두 후자는 '과거
에는 할 수 있었지만 지금은 할 수 없다'는 부정적인 의미가 됩니다.
아이에게 어느 쪽 말을 건네면 좋을지는 딱 봐도 한눈에 알 수 있죠.

공부뿐만이 아닙니다. 과거에서 현재에 이르기까지 얼마큼 향
상되었는지, 그리고 앞으로도 점점 잘하게 될 거라고 미래에 시점
을 둔 말이야말로 아이를 성장하고 발전하게 하는 힘이 됩니다.

잘한 점을 칭찬하고 현재형과 미래형을 사용해
긍정적으로 표현한다.

잘한 점은 보지 않고 실수한 일이나
결점을 강조해 현재를 부정한다.

△
아이를
성장시키는
부모는

아이가 잘해내면
거기까지
인정하고

▽
아이를
망치는
부모는

바로
다음 목표를
제시한다

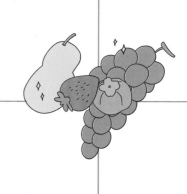

공부든 놀이든 또는 스포츠든 '여기까지 해보자!' 하는 목표 설정이 중요합니다. 아이는 어떻게든 노력해서 목표를 달성하려고 하는 습성이 있으니까요. 목표를 달성했을 때는 "정말 잘했어. 열심히 했구나!" 하고 기쁨과 성취감을 함께 나누고 "앞으로도 애써보자!" 하면서 일단락을 지어주세요.

여기에 "역시 너는 노력가야!" 하고 긍정적인 말을 덧붙이면 한층 더 좋습니다. 이렇게 한 가지 일을 달성했을 때의 '끝맺음'을 중요하게 여기는 자세는 남자아이에게 성취감과 의욕의 두뇌회로를 만들어줍니다.

하지만 "해냈구나. 자, 그럼 이것도 해보자" 하고 바로 다음 목표를 제시하면 그 순간 아이는 의욕을 잃고 맙니다. 당신이 "이게 마지막이야" 하는 말을 듣고 100미터를 달려 결승점에 막 도달했는데 바로 "또 한번 달리자!" 혹은 "사실은 결승점이 저 앞이야" 하는 말을 들었다고 생각해봅시다. 결승점에 이르자마자 또 "훨씬 더 앞쪽이야" 하고 알려준다면 어떤 심정일까요? "뭐야! 아직 안 끝났다고?", "이봐, 약속과 다르잖아!" 하는 상황이 벌어지겠죠. 아이도 마찬가지입니다. 목표를 달성해낸 기쁨에 들떠 처음에는 부모가 시키는 대로 할지 모르지만 그런 학습 환경은 오래 지속되지 못합니다. 끝이 보이지 않는 부모의 요구에 질려 공부를 싫어하게 되는 사례를 많이 봐왔습니다.

'의욕 회로'가 확실히 자리 잡기 전에 이러한 일이 계속되면 '하고 싶지 않은 회로'가 반응하기 쉬워지므로 유의해야 합니다.

공부를 좋아하는 아이로 키우고 싶다면 아이가 설정된 목표를 완벽히 해냈을 때 한층 더 박차를 가하고 싶은 마음을 꾹 참고 다음 기회로 미루는 게 좋습니다.

앞에서도 언급했지만 가장 잘하는 상태가 유지되도록 하려면 '더 하고 싶을' 때 일단락을 짓고 다음으로 이어나가는 것이 비결입니다.

하나의 목표를 달성하면 칭찬하고 일단락을 짓는다.

이제, 다음 목표에 도전해야지!

하나의 목표를 달성하면 곧이어 새로운 목표를 제시한다.

△
아이를
성장시키는
부모는

공부에 관한
아이의 말에
귀를 기울이고

▽
아이를
망치는
부모는

자신이
알고 있는 상식을
강요한다

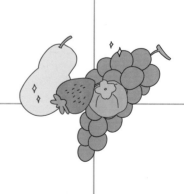

예전에 초등학교 저학년을 대상으로 국어사전을 사용해 학습 지도를 하던 때의 일입니다. 아이들이 스스로 조사한 말에 포스트잇을 붙여 나가는 방법을 썼습니다. 우선 아이들이 일상생활에서 알고 있는 단어부터 시작했죠.

"오른쪽이 뭘까?"

"밥 먹는 손이요?" "왼쪽의 반대요."

"사전에 나와 있을 거야. 한번 찾아볼까?"

이 말에 교실은 갑자기 조용해지더니 잠시 후 아이들은 저마다 "아, 정말이다!" 하고 와자지껄해집니다.

"사전이 참 재미있지? 자, 한번 찾아본 페이지에는 이 포스트잇을 붙여놓자."

글씨를 쓸 줄 아는 아이에게는 조사한 내용을 노트에 쓰게 합니다. 사전에는 일러스트도 있고 알기 쉬운 문장이 쓰여 있습니다. 사전을 많이 읽기만 해도 독해력이 생기죠.

아이들은 본래 새로운 것을 배우길 좋아합니다. 그렇게 포스트잇을 붙이다 보면 점점 국어사전이 두툼해지고 그에 따라 아이들도 '전 이렇게 조사했어요' 하는 성취감을 느껴 사전 찾는 일이 즐거워지는 것이죠.

사전은 학습 의욕도 키울 수 있어 적극적으로 추천하고 싶은 교재입니다.

그런데 어느 날, 한 학생이 가지고 온 국어사전에서 어제까지 잔뜩 붙어 있던 포스트잇이 전부 없어진 것을 알았습니다. 이유를 물어보니 "엄마에게 이렇게 많이 찾았다고 보여주니 포스트잇이 걸리적거린다고 전부 떼어버렸어요" 하고 속상한 듯한 표정을 지었습니다. 상당히 충격을 받은 모양이었어요. 의기소침해진 그 아이는 안타깝게도 이후 스스로 사전을 열려고 하지 않았습니다.

아이가 어떤 가치 감각을 갖고 있는지를 알고 싶다면 아이가 기쁜 표정으로 하는 말을 우선 받아들이고 그 이야기에 귀 기울여주세요.

아이는 부모가 이해하지 못하는 사소한 일도 섬세하게 느껴 학습 의욕이 높아지고 호기심이 생기며 긍정적인 마음으로 공부하게 됩니다.

"왜 이렇게 한 거니?" 하고 아이의 마음을 묻느냐 아니냐에 따라 아이의 학습 의욕이 높아질지 꺾일지가 결정된다는 점을 잊지 마세요.

공부하느라 눈을 반짝이고 있을 때는
"뭐가 그렇게 즐거워?" 하고 물어본다.

즐겁게 공부하고 있는데도 다른 제안을 하며
부모의 생각을 강요한다.

△
아이를
성장시키는
부모는

학원이
자신과 잘 맞는지
살펴서 정하고

▽
아이를
망치는
부모는

브랜드나
실적만을 보고
정한다

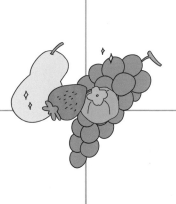

초등학생이 되면 보습 학원에 보내거나 운동, 악기 등을 배우게 하려는 부모가 많아집니다. 그때 학원을 어떻게 고르십니까? 아이가 어릴 때는 가정에서 가르치는 것만으로도 충분하지만 아이가 자랄수록 점점 부모가 감당하기 힘들어지는 게 사실입니다.

부모는 교육 전문가가 아닙니다. 금세 감정적으로 신경을 곤두세우며 아이를 야단치다가는 공부를 싫어하는 아이로 키우기 딱 좋습니다. 가르치는 일은 전문가에게 맡기고 가정은 지원해주는 정도가 바람직하지요.

학원을 고를 때는 물론 그 학원의 실적을 선택 기준으로 삼게 됩니다. 하지만 실제로 현장에 가서 보고 들어보면 성적이 좋은 아이를 모아서 그 성과를 학원의 공적으로 내세우거나 다니는 학생에게 다른 학생을 미끼로 꾀어서 학원 등록을 권유하는 곳도 있고 학원을 그만두겠다고 하면 위약금을 물게 하는 등 들어가기 전에는 부모가 정체를 알 수 없는 블랙기업도 분명히 존재합니다. '여름 강좌 무료!' 같은 광고 문구에도 쉽게 걸려들지 않도록 조심해야 합니다. 학습이나 특기 학원을 선택할 때 신뢰할 수 있는 중요한 기준은 아이와 부모들 사이에서 도는 입소문입니다.

그 학원에 보냈더니 아이가 스스로 공부하게 되고 성적이 올랐다거나, 공부하는 게 즐거워졌다고 말하는 아이가 많을 정도로 시험 대비뿐만 아니라 공부하는 방법까지 가르쳐주는지, 그리고 무엇보다도 평소에 학생들의 고민을 들어주거나 부모의 상담에 응해주는지 등 공부 이외의 관여 정도나 신뢰 관계가 깊고 학생들을 여러모로 잘 보살펴주는가에 중점을 두고 살펴보는 것이 좋겠습니다.

학원을 선택할 때 가장 중요한 기준은 서로 잘 맞는가 하는 점입니다. 이는 아이만이 아니라 부모와의 관계도 마찬가지입니다. 이미 그 학원에 다니고 있는 지인의 아이가 있다면 가정과의 관계도 중요하게 여기고 있는지, 부모가 원하는 상담에 흔쾌히 대응해주는지, 학원에 관해서 물어보세요.

제가 고문을 맡고 있는 학원은 어떻게 하면 아이 한 명 한 명에 맞출지를 고민하고 학력뿐만 아니라 인성을 기르는 데도 힘을 쏟고 있습니다. 학원이든 특기 수입이든 원장이 열의가 있고 높은 의식을 가지고 있는 곳은 그저 매뉴얼대로만 운영하는 곳과는 전혀 다릅니다.

공부 이외에도 상담에 잘 응해주는 학원을 선택한다.

실적이 좋은 학원을 맹목적으로 믿는다.

△
아이를
성장시키는
부모는

거실에서
공부하게
하고

▽
아이를
망치는
부모는

어렸을 때부터
아이 방을
마련해준다

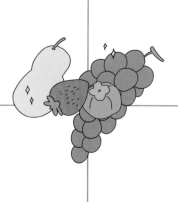

자신만의 세계에 빠지기 쉬운 남자아이는 "네 방에 가서 공부해" 하고 들여보내도 방에 들어가면 딴짓을 하기 일쑤고 웬만해서는 공부에 집중하지 못합니다. 특히 초등학생일 때는 혼자 스스로 공부 계획을 세운다거나 알아서 공부하기는 매우 어렵습니다.

따라서 스스로 공부하는 습관이 붙기 전에 자기만의 방을 내어주면 안타깝게도 대부분의 아이는 방에서 놀기만 할 뿐 부모의 기대를 채워주지 못합니다. 그런 의미에서도 혼자서 공부하는 습관이 들기 전에는 거실이라든지, 될 수 있는 한 부모가 지켜볼 수 있는 곳에서 공부하게 하는 것이 좋습니다.

부모 옆에서 공부하면 모르는 내용이 나와도 바로 물어볼 수 있습니다. 물론 스스로 알아보는 능력을 길러줄 필요가 있는데 그때까지는 "엄마도 잘 모르니까 함께 알아보자" 하면서 조사 방법을 배울 기회로 삼으면 됩니다. 부모가 볼 수 있는 곳에서 공부하게 하면 아이가 지금 학교에서 어떤 내용을 배우고 있는지 알 수 있을뿐더러 학교에서 있었던 일을 이야기하기도 편합니다.

이처럼 대화할 자리만 있어도 남자아이의 두뇌를 성장시키는 데 큰 도움이 됩니다. 자연스럽게 대화할 기회가 늘어나므로 커뮤니케이션 능력을 향상시키는 중요한 트레이닝 장소가 되기도 하죠. 반면에 아이 방을 마련해주면 방에 들어가 있는 시간이 늘어나 모처럼의 커뮤니케이션 기회가 줄어듭니다. 당연히 공부하지 않고 자기가 좋아하는 것에만 빠져 있는 시간도 늘어날 것입니다. 아이의 방을 마련해주는 문제는 우선 학습 능력과 습관이 몸에 밴 후에 생각해도 늦지 않습니다.

공부 습관과 커뮤니케이션 능력의 향상을 꾀한다.

공부는 아이 방에서 하는 거라고 생각한다.

60

△
아이를
성장시키는
부모는

프린트물을 모아
파일로
정리하고

▽
아이를
망치는
부모는

끝난 프린트물은
바로
버린다

가정에서는 학습하면서 늘어나는 문제지 등 프린트물을 어떻게 다루고 있나요? 지금까지 아이들을 지도하면서 경험한 바로는 대부분의 아이가 프린트물을 달가워하지 않습니다. 그런 아이들에게 지금부터 공부할 프린트물이라며 책상 위에 탁하고 올려놓지는 않는지요. 사실 그러한 행동은 '이걸 다 해야 해?' 하고 아이들의 의욕을 꺾어버리기 십상입니다.

또 아이들이 공부를 끝낸 프린트물은 어떻게 하고 있나요? 물론 더 이상 사용하지 않을 거라 모두 버리는 사람도 있겠죠. 하지만 가능하다면 공부가 다 끝난 프린트물은 파일에 정리해서 아이가 볼 수 있는 곳에 놓아주세요. 아이는 자신의 학습 능력이 얼마나 향상되고 축적되었는지 스스로 잘 실감하지 못합니다. 그래서 눈으로 볼 수 있게 시각화해 놓으면 자신의 눈으로 확인한 아이는 이렇게나 해냈다는 자신감을 갖게 됩니다.

남자아이는 자신이 모은 물건에 독자적인 의미를 부여하고 세계관을 갖게 되며 체계화하는 경향이 있으므로 모아두는 것은 의미가 있습니다.

부모님은 "이렇게나 애썼구나", "열심히 했네" 하고 아이의 노력과 성장을 칭찬해주세요. 이런 경험을 쌓은 아이는 훗날 많은 과제가 주어져도 '좋았어. 해보자!' 하고 의욕을 보입니다. 물론 보관 장소의 문제도 있을 테니 무조건 모두 남겨두라고는 하지 못하지만, 아이의 학습 의욕을 길러주는 도구를 만든다고 생각하고 반드시 실천해보세요.

또한 이런 프린트물은 모으기를 좋아하는 남자아이에게는 재산이기도 하니 아이 몰래 버리지는 마세요. 만약 그런 일이 벌어진다면 아이가 무척이나 실망할 테니까요. 반드시 아이와 의논한 후에 물건을 처분해야 합니다.

과거에 공부한 프린트물을 보존해
아이의 학습 의욕을 자극하는 도구로 사용한다.

끝났으면 다음!

"끝났으면 그 다음 단계로!" 하며 계속 다그친다.

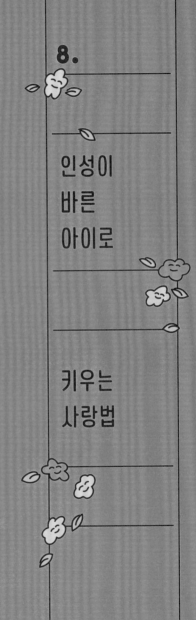

8.

인성이
바른
아이로

키우는
사랑법

▲

아이를
성장시키는
부모는

긍정 대답과
순한 마음을
이끌어주고

▼

아이를
망치는
부모는

변명과
반항심을
키운다

"네" 하는 대답은 상대의 이야기를 이해하고 받아들일 때 쓰는 말입니다. 그리고 대부분의 경우 "네" 하는 긍정 대답은 그 사람의 착하고 순한 성격을 드러내는 말이기도 하죠. 학업 성적이 좋은 아이일수록 "네" 하고 대답을 잘하는 경향이 있습니다.

저는 경영자나 비즈니스 관련 종사자들과 이야기를 나눌 기회가 많은데 사업이나 업무에서 성과를 내는 사람은 기분 좋게 "네" 하고 대답합니다. 그런 그들은 '어릴 때 어떻게 자라났는지가 가장 중요'하다고 입을 모아 말합니다.

순순한 마음가짐은 주위의 충고를 받아들일 수 있는 도량과 협조성의 발현이기도 하며 원만한 인간관계를 구축하는 기본 토대입니다. 꼬인 데 없이 순한 사람은 다른 사람의 호감을 사고 많은 사람이 다가오지요. 또한 다양한 조언과 교육에 관해서도 재빠르게 행동으로 옮기고 반성해야 할 일이 있으면 순순히 인정하고 받아들입니다. 그 결과 많은 것을 배울 기회도 얻을뿐더러 재능도 키워 나가는 것입니다.

그러므로 아이가 어릴 때부터 상대에 대한 존중과 존경의 마음을 가질 수 있도록 길러주세요. 구체적으로는 흔쾌히 대답하고 약속을 지키는 습관, 그리고 능력을 갖추면 발전해 나갈 수 있다는 것을 가르칩니다. 그러기 위해서는 부모도 아이의 마음을 헤아려 존중하고 수용하는 태도를 보이는 것이 중요합니다.

만약 아이가 한 일을 비난하기만 한다면 부모에게 존중받고 받아들여지지 못한다는 사실에 아이는 상처를 입고 반항심을 갖게 되고 이는 매사에 변명만 일삼으며 공부도 하지 않게 되는 심각한 사태로 번지기 쉽습니다. 반드시 아이를 존중하는 태도로 대해주어 순순히 '네' 하고 대답할 수 있는 아이로 키워주세요.

부모가 아이를 존중하는 태도를 보인다.

바로 비난하고 아이의 감정을 무시한다.

▲
아이를
성장시키는
부모는

아이가
선택하도록
선택지를 주고

▼
아이를
망치는
부모는

뭐든지
부모가
결정한다

인생은 선택의 연속이며 선택 결과에 따라 만들어집니다. 극단적으로 말하면 양자택일의 연속이며 '오른쪽이냐 왼쪽이냐' 혹은 '어느 쪽을 할까 하지 말까', 그렇게 선택하면서 인생을 걸어갑니다. 당신은 어떤가요? 혹시 아이에게 "저거 해라", "이거 해라" 하고 지시를 하지 않나요? 그렇다면 아이가 스스로 선택할 수 있는 능력을 길러주지 못합니다. 그뿐만이 아닙니다. 부모가 지시만 하면서 기르면 장래에 어떤 일이 계획대로 잘 되지 않을 때 금세 남의 탓으로 돌리게 됩니다. 선택하는 능력을 길러주려면, 작은 일에서부터 훈련을 시켜주세요.

예를 들어 옷을 입을 때 "뭐 입을래?" 하고 막연히 질문하거나 "이 옷을 입어" 하고 지시하는 방법은 바람직하지 않습니다. 이럴 때는 부모가 입히고 싶은 옷을 두 가지 고른 후 "어느 쪽 옷을 입을래?" 하고 선택지를 제시하는 것이 좋습니다.

장난감을 살 때도 "뭘 갖고 싶니?"가 아니라 "어느 쪽을 고를래?" 하고 물어보면 마음에 들지 않는 것을 제외하고 선택하게 됩니다.

그 밖에도 공부를 시키고 싶을 때는 '할 것인지 말 것인지'를 강요하지 말고 '어느 쪽을 할래?', '어떻게 할 건데?' 하고 자연스럽게 선택하도록 질문을 던지세요.

게임이라든지 아이가 열중하고 있는 일을 그만두게 하고 싶다

277

면 "지금 당장 그만두는 것과 5분 더 놀고 그만두는 것, 어느 쪽이 좋아?" 하고 물어보는 겁니다.

이처럼 부모가 선택지를 제시하다 보면 나중에는 아이가 스스로 여러 개의 선택지를 찾아내고 그 가운데서 자신이 선택할 수 있게 됩니다. 그러기 위해서도 어렸을 때부터 "어느 쪽을 고를래?" 하는 선택 습관을 기르는 연습은 무척 중요합니다.

스스로 선택한다는 것은 자신에게 유리한 일도 불리한 일도 모두 자신이 책임을 져야 한다는 뜻입니다. 스스로 자신이 한 일에 책임을 질 줄 알아야 강인함이 생겨나 인생을 주체적으로 살아갈 수 있게 됩니다.

"어느 쪽 옷을 입을래?"
부모의 책임으로 고르게 한다.

"이걸로 하렴" 하고
아이가 선택할 기회를 주지 않는다.

▲
아이를
성장시키는
부모는

폭넓은 연령대
아이들과
놀게 하고

▼
아이를
망치는
부모는

특정
친구들하고만
놀게 한다

여러분이 어렸을 때 친구의 동생이라든지 자신보다 어린 아이와 함께 술래잡기를 할 때 어떤 생각이 들었는지 기억나십니까?

저는 함께 놀던 한 어린 아이를 '콩이'라고 불렀는데 술래로서 쫓아가기는 했지만 붙잡지는 않았으며 또한 만약 붙잡더라도 술래가 되지 않도록 금방 다시 붙잡혀주는, 그런 행동을 자연스럽게 했습니다. 어린 아이와 큰 아이가 모두 함께 어울려 즐겁게 놀 수 있는 방법을 궁리했던 것이죠.

요즘 아이들은 어떤지 궁금해서 공원에 나가 살펴보았는데 술래인 아이가 맨 먼저 어린 아이에게 달려가 붙잡는 걸 보고 놀랐습니다. 그 어린 아이가 술래가 되어도 당연히 큰 아이를 붙잡을 수는 없지요. 일부러 붙잡혀주는 아이도 없었을뿐더러 모두 술래를 보며 웃고만 있었습니다. 이런 아이들은 집에서 자신이 제일 우선되어 자라고 큰 아이들과 놀아본 경험이 적은 게 분명합니다. 좀처럼 다른 아이를, 특히 자신보다 어린 아이를 배려할 줄 모르죠. 여러분의 자녀는 어떤가요. 꼭 자신보다 어린 아이, 혹은 큰 아이와도 어울릴 수 있는 기회를 만들어주고 폭넓은 연령의 아이들과 놀게 하세요.

자신과 연령이 다른 아이들과 놀다 보면 자신보다 연약하거나 어린 아이와 노는 방법, 또는 그들을 대하는 요령을 자연히 배우게 됩니다. 공감력도 저절로 익히고 어떻게 하면 인간관계를 원만하게 이어갈 수 있는지를 깨우치게 되죠. 이렇게 폭넓은 연령의 아이들과 함께 놀기만 해도 남을 배려하는 마음이 한층 자라납니다. 반면 특정 연령의 친구하고만 놀게 되면 배움의 기회가 줄어들고 맙니다. 무척 안타까운 일입니다.

예전에 누군가 자신에게 해준 일을 이번에는 자신이 해준다는 마음을 자연히 기를 수 있는 기회를 만들어주세요. 이 마음은 더 나아가 사람은 함께 도와주면서 살아가야 한다는 배려심으로 이어질 수 있으니까요.

놀이를 통해 배려와 협조의 마음을 기른다.

폭넓은 연령의 아이와 어울릴 기회를 주지 않는다.

▲
아이를
성장시키는
부모는

이름의 의미와
가족의 뿌리를
알려주고

▼
아이를
망치는
부모는

가족 계보에 관해
이야기하지
않는다

아이의 이름을 지을 때는 여러 가지 생각을 담았을 것입니다. 그 이름에 들어 있는 마음과 유래를 아는 것은 아이에게도 의미 있는 일이죠. 부모의 애정을 확인하고 더불어 이름에 담긴 희망과 미래의 모습을 이미지로 떠올려볼 수 있기 때문입니다.

또한 자신의 이름을 실마리로 어릴 때부터 막연히 생각했던 미래의 모습을 그릴 수 있습니다. 그러므로 이름에 담긴 의미라든가 이름과 관련된 추억과 일화를 평소에 꼭 이야기해주세요. 더욱이 이름과 함께 이야기해주면 좋은 것은 집안과 가족의 뿌리에 대한 것입니다. 특히 남자아이는 성장하면서 '나는 누구인가?' 하는 집안과 가문에 관심을 많이 갖습니다.

제가 어렸을 때는 명절에 친척이 모이면 자주 '이케에'라는 성의 계보가 화제에 오르곤 했습니다. 물론 성의 유래에 관해서는 여러 가지 설이 있고 친척 어른들도 그 위 어른들에게 들은 정도의 시시한 이야기입니다. 그래도 그런 이야기 중에는 할아버지나 증조할아버지는 어떤 분이었는지, 자신은 어떤 영향을 받았는지 등 다양한 화제가 줄줄 나옵니다. 그렇게 일가친척이 나누는 대화 속에서 '인생 스토리'를 배우는 건 의외로 중요한 의미가 있습니다. 저도 인생의 사명을 정의하는 신념이라든지 나는 누구인가 하는 정체성을 갖추는 데 영향을 받았다고 느끼기 때문입니다.

남자아이는 이런 환경에 있으면 왠지 모르게 '나는 다른 사람과는 다르다, 그리고 달라도 좋다'고 느끼게 됩니다. 그리고 자신의 혈통과 이름에 자부심과 특별한 세계관을 갖기도 합니다. 이러한 사고가 나아가 사명감이 되고 미래의 직업을 선택하는 능력으로도 이어질 것입니다.

가족의 계보에 관한 이야기를
소중히 여기고 정체성을 기른다.

부모나 어른이 이야기하지 않으므로
혈통이나 이름에 전혀 관심이 없다.

65

▲
아이를
성장시키는
부모는

자신의 가치관을
아이-메시지로
전하고

▼
아이를
망치는
부모는

자신의
생각을
강요한다

제가 아는 어떤 분은 아이가 대학에 진학할 때 아이 앞에서 이렇게 되뇌었다고 합니다.

"자식은 부모의 생각대로 되지 않는 법이지."

어릴 때부터 지원하며 기대했는데 아이가 부모가 원하는 진로를 선택하지 않은 데 낙담해 있다가 무심코 입 밖으로 튀어나온 말입니다.

아이를 키우는 일은 부모가 생각한 대로는 되지 않습니다. 아이에게 "이렇게 생각해라", "저렇게 느껴야 한다", "그렇게 해라" 하고 말한다고 해서 아이가 그대로 될 거라고 생각하는 것은 부모의 착각이고 오만일 뿐입니다.

부모의 역할은 자신의 가치관을 아이에게 전달하여 아이 나름의 가치관과 사고력을 길러주는 일입니다. 아이에게 가치관을 전할 때 중요한 점은 "엄마는 이런 일이 고민이란다", "아빠는 이런 걸 좋아해", "기쁘구나", "기대가 돼", "예쁘네" 이런 식으로 부모가 자신의 감정을 먼저 전하는 것입니다. 자신의 가치관은 '아이-메시지 I-message'(미국 심리학자인 토머스 고든이 고안한 '아이-메시지' 전달법으로 'You-message'와 대비되는 아이 교육 방안이다. 'I' statement라고도 한다-옮긴이 주)로 이야기해주면 좋습니다.

아이-메시지를 사용하면 아이의 사고와 감정을 부정하지 않고

289

부모의 가치관을 전해줄 수 있습니다. 인간의 두뇌는 자신에게 전달된 내용을 무의식적으로 처리하게 되어 있으므로 당신이 전한 가치관이 아이의 뇌 안에서 처리되어 아이의 사고력과 타인을 배려하는 능력을 키우게 되는 것이죠.

이때 조심해야 하는 건 어설픈 아이-메시지입니다. "나는 이렇게 생각해. 그러니 너는 이러이러해야 해" 하고 강요하는 건 전혀 효과가 없습니다. 전해야 할 내용만을 전하고 아이 스스로 생각해서 행동하도록 하는 것이 중요합니다.

저도 예전에 아버지가 입버릇처럼 "아버지는 선장이나 파일럿이 되고 싶었단다" 하던 말에 영향을 받아 무의식적으로 파일럿을 목표로 하게 되었거든요. 아이-메시지는 아이의 가치관과 신념, 그리고 행동력을 기르는 데 중요한 힘이 됩니다.

자신의 가치관을 아이-메시지로 전달한다.

부모의 생각대로 아이를 기르려고 한다.

▲
아이를
성장시키는
부모는

"태어나줘서
고마워!"
라고
항상 말하고

▼
아이를
망치는
부모는

애정은
말로 하지
않아도 된다고
여긴다

"엄마는 널 사랑해!", "아빠는 우리 ○○이가 정말 좋아!", "태어나줘서 고마워!" 하는 말을 평소 아이에게 해주고 있나요? 남자아이에게는 특히 이런 애정의 말이 필요하고 더불어 꼭 안아주며 스킨십도 많이 해줘야 합니다. 남자아이는 '역할과 사명감'으로 키워야 하기 때문이죠. 또한 자신을 사랑하는 엄마를 위해 도움이 되고 싶다는 마음을 여자아이 이상으로 갖고 있기 때문입니다.

부모의 사랑을 듬뿍 느끼는 남자아이는 자신의 존재가 가치 있다고 믿게 됩니다. 또한 감정적으로 격해지는 일이 줄어들고 타인에게도 다정하게 대하며 안심을 줄 수 있는 사람으로 자라납니다. 게다가 '나도 저 사람처럼 남에게 안심을 주는 사람이 되고 싶다'는 목표를 갖게 되죠. 반면 부모의 애정을 느끼지 못하는 아이는 문제행동을 많이 일으킬 수 있습니다. 그럴 때 아이들의 문제행동을 야단치기보다는 힘껏 안아주며 애정을 전하면 좋아질 수 있습니다. 또한 '애정의 말'을 들려줌으로써 부모의 감정이 변화하기도 합니다. 이는 중요한 사실입니다. 예전에 아이에게 애정을 느끼지 못해 사랑한다는 표현을 도저히 하지 못하겠으니 어떻게 하면 좋겠느냐고 고민을 털어놓은 어머니가 있었습니다. 그래서 저는 "스스로 꼭 그렇게 생각하지 않더라도 아이의 마음을 채워주기 위해 매일 몇 번씩 '사랑해'라고 말하면서 안아주세요" 하고 조언했습니다. 제 조언대로 실천하자 신기하게도 점점 어머니의 마음이 달라지더니 어느 사이엔가 실제로 아이에 대한 애정이 생겨났다고 합니다. 얼마 지나서 "그렇게도 아이가 싫었는데 지금은 너무나 사랑스러워요" 하더군요. 그만큼 사랑의 말에는 사고와 행동을 바꾸는 힘이 있습니다.

언제나 사랑의 말을 들려주고 스킨십도 자주 해준다.

애정은 말하지 않아도 전해진다고 생각하여
표현하지 않는다.

어떤
남자아이로
키우고
싶나요
?

이 책을 읽고 어떠셨나요? 분명 "이미 다 알고 있어요" 하는 분도, "그렇구나" 하며 공감하는 분도 계실 것입니다. 꼭 감상이나 의견을 듣고 싶네요.

오늘날은 육아 정보가 지나칠 정도로 넘쳐 나고 있어 오히려 어떻게 해야 좋을지 모르겠다는 말을 자주 듣습니다. 하지만 사실 '꼭 이렇게 해야 한다'라고 정해진 것은 없습니다. 그렇다면 아이와 어떻게 마주하면 좋을까요? 핵심은 우리 아이가 장래에 어떤 사람이 되기를 바라는가? 하는 데 있습니다.

이를 토대로 생각해보면 무엇이 중요한지, 무엇을 해야 하는지를 점차 깨닫게 될 것입니다. 눈앞에 범람하는 정보에 휘둘리는 일이 줄어들고 마음도 훨씬 편해지겠죠. 또한 '무엇을 줄 것인가'를 고민하기보다 '어떻게 줄 것인가' 하는 관점이 중요합니다.

저는 3녀 1남의 형제자매 가운데 장남으로 태어났는데 초등학교 저학년 시절에는 공부하기를 싫어해 늘 밖에서 흙투성이가 되어 놀았고, 탐험놀이나 모형 만들기를 무척 좋아하는 아이였습니다. 툭하면 부모님에게 야단맞기 일쑤였지만 그래도 늘 "너는 대기만성형이란다" 하시던 어머니의 말씀이 오래도록 기억에 남아 있습니다. 언젠가 어머니에게 "저 키우느라 힘드셨죠?" 하고 여쭸더니 "남자아이가 다 그렇지. 별로 힘들지 않았다" 하고 쿨하게 대답하시더군요. 그런 마음으로 키우셨기에 제가 좋은 영향을 받았다는 것을 깨달았습니다.

또한 초등학교 저학년 때 시작한 보이스카우트 활동에서도 규칙, 약속, 맹세 등 지켜야 할 수칙이 있었기에 남자아이답게 당당히 성장할 수 있었다고 생각합니다.

아이를 키우는 데 중요한 것은 아이를 바꾸는 일이 아닙니다. 다만 아이를 대하는 마음가짐과 방법을 약간 달리 하는 일, 그렇게 해서 아이의 환경을 바꾸어 가는 일입니다. 그것만으로도 아이는 훌쩍 성장합니다. 반드시 여러분의 자녀가 장래에 활기차고 매력 있는 남성으로 세상에 나가기를 바랍니다. 이를 위해 이 책이 도움이 된다면 더할 나위 없이 기쁠 것입니다.

마지막으로 기획부터 편집까지 지휘해주신 베테랑 편집자 엔도 레이키遠藤励起 씨, 멋진 디자인과 일러스트를 그려주신 이시야마 사란石山沙蘭 씨, 남자아이를 키우고 있는 아스카출판사의 다나카 유야田中裕也 씨를 비롯해 협조해주신 여러분에게 감사의 말씀을 드립니다. 또한 저를 키워주신 어머니와 태어나준 저의 세 아이에게 감사하고, 남자아이 양육에 매일 분투하고 있는 이 세상의 모든 어머니, 아버지에게 경의를 표하며 이 글을 마치겠습니다.

2019년 2월 좋은 날에
이케에 도시히로

1판 1쇄 발행	2020년 6월 30일
1판 3쇄 발행	2023년 8월 29일

지은이	이케에 도시히로
옮긴이	김윤경
일러스트	김지혜

발행인	황민호
본부장	박정훈
기획편집	김순란 강경양 김사라
마케팅	조안나 이유진 이나경
국제판권	이주은
제작	최택순

발행처	대원씨아이㈜
주소	서울특별시 용산구 한강대로15길 9-12
전화	(02)2071-2094
팩스	(02)749-2105
등록	제3-563호
등록일자	1992년 5월 11일

ISBN	979-11-362-3741-5 13590